气质
变美从来不靠长相

J小姐 ◎ 著

北方文艺出版社

图书在版编目（CIP）数据

气质：变美从来不靠长相 / J 小姐著. -- 哈尔滨：北方文艺出版社，2019.11（2021.12 重印）

ISBN 978-7-5317-4669-0

Ⅰ.①气… Ⅱ.①J… Ⅲ.①女性－气质－通俗读物 Ⅳ.① B848.1-49

中国版本图书馆 CIP 数据核字（2019）第 226703 号

气质：变美从来不靠长相
QIZHI BIANMEI CONGLAI BUKAO ZHANGXIANG

作　者 / J 小姐

责任编辑 / 富翔强　徐　昕	装帧设计 / 仙境设计
出版发行 / 北方文艺出版社	邮　编 / 150008
发行电话 /（0451）86825533	经　销 / 新华书店
地　址 / 哈尔滨市南岗区宣庆小区 1 号楼	网　址 / www.bfwy.com
印　刷 / 朗翔印刷（天津）有限公司	开　本 / 880×1230　1/32
字　数 / 120 千	印　张 / 8.5
版　次 / 2019 年 11 月第 1 版	印　次 / 2021 年 12 月第 4 次印刷
书　号 / ISBN 978-7-5317-4669-0	定　价 / 69.80 元

— 序 —
活出闪闪发光的自己

很多姑娘因为自己长得不够好看而自卑,觉得这个世界的色彩,从青春初始时,男孩们拿珍贵的爱意为美貌投票,就开始变灰了。

我也曾度过一个令人沮丧的青春期。

学习成绩名列前茅,各种比赛拿奖,被老师宠爱、同学崇拜……却都无法弥补我喜欢的男生把情书塞给我的前桌的悲伤。

我前桌是个漂亮的姑娘,我每天坐在她后面,看着她颀长的脖颈白的发光,乌黑油亮的马尾散落在肩膀一侧,回头时莞尔一笑,眼睛像星星一样。

这样的女生被男生画进画里、写进诗里,而我,只有抄作业时才被想起。

我常常照着镜子，看自己又宽又大的脸上点点的痘痘、肿肿的眼睛、宽大的鼻子，脖子短、身体宽、腰粗腿短，觉得青春都变灰了……

我就幻想，如果也给我前桌一样的美貌，我宁愿考最后一名，宁愿不会画画，不会写作文……

但事实上，我真的是因为长相才不被喜欢吗？也许，一切都只是我因自卑而起的错觉。

如果你穿越到我的青春里，像趴在窗边的老师那样去看一前一后的两个姑娘，我想你看不清她们的五官、具体的长相。但你能看到一个挺拔有力背影，干净明亮，在青春里尽情绽放；另一个佝偻在座位上、百无聊赖，在青春里无所适从……

这个穿越可能让你突然明白：原来**美是一种感受，是调动了你内心积极渴望而形成的感受，并不是一种视觉。**

你看，大自然里半凋半落的花朵也比精致完美的假花美丽生动，因为它释放着日光、土壤、风和雨给予的生长的力量。你能被这种能量所触动。

所以，我们身边总有人容貌普通但气质超群，让人喜欢、想接近，也有人容颜精致但颓丧拧巴，让人远离。

幸运的是，青春期的我并没有沉迷幻想多久，我通过列对比矩阵的方式，把我和前桌所有的被看到的、感受到的形象都列了出来，比如身高、体重、皮肤、五官、笑容、站、坐、走、声音、语调、待人接物的方式……

最终，我发现了这个"每个女孩都应该早早知道的道理"——**美是我们的一种积极感受，我们的形象是一种对外的表达能力。**

所以，我不再盯着镜子想改变五官的细枝末节，我开始注意身姿、训练表情、研究妆容穿搭，我开始接纳我自己，我不是大美女，但是我可以活出勃勃生机。

后来，我成了很多人眼里的美女，底子还是那副底子，只是丢弃了自卑的外壳，焕发出了新的自己。

因为我走过这样一条路，我深知"形象"的美不美带给每个女性的困扰，美的人为了留住美而焦虑；不美的为此畏缩自卑。

所以，我开创了"形象表达学"，希望有生之年能竭尽全力让每一个姑娘理解：形象是一种表达能力，就像语言表达一样，可以通过强调、避重就轻、轻重缓急来表达不同的意图，而语言表达组成也不仅是语句的内容本身，还有语调、语序，等等。形象表达也是如此，不只是外貌本身，还有姿态、表情、场景、自信度等。

在形象表达学体系里，我把外貌的组成分为了三个部分：

外貌——五官、身材、皮肤、头发等，天生的非外力干涉不可更改的硬件

展示力——姿态、表情、穿搭、场景构建等可控可练的展示部分

能量场——自信、认知、同理心等，能直观影响他人心理感受的部分

我们可以看那些外貌优秀的天选之人，像明星里的偶像派，喜怒哀乐、积极颓丧可能都让人觉得没得挑，但这样的人毕竟万里挑一，我们大部分姑娘都是处在有着各种各样优缺点的中间地带。

中间地带拼的就是展示力，像明星里的演技派，能精准地通过表情姿态穿搭的展示向别人传递印象，把别人带入到你想传递的印象里，成功塑造独具一格的"人设"。比如，约会时的妩媚温柔，工作时的干练严谨，都需要不同的展示力。

而形象表达的终极大招就是能量场。我们纵观那些美人，无不拥有稳定的能量场，带给人愉快的或者向往的感受。或温润平和、或乐观豁达、或通透果断……

而强大的能量场不受时间影响，不被皮囊所困，像人到暮年

依然美得令人感动的郑念女士、宋美龄女士,她们都拥有丰盛饱满的能量,让我们觉得老了也并不可怕,活成她们那样就好。

了解了形象的组成,你是否发现,大部分姑娘都把时间、精力、金钱放在了外貌上,但是外貌的优化是个死胡同,就算你竭尽全力也只能美到某种程度,而展示力和能量场却有无限的空间。

希望这本书,能让你更深度地了解美、了解形象、了解你自己,让你找到外貌优化的空间、展示力、能量场的提升方法,活出一个闪闪发光的自己。

最后,用曾深深打动我的小学生日记做这本书的开篇词:

"刘思源总是用手遮住脸上的疤,显得很沮丧;真希望我能把眼睛借给她,让她看到可爱的人即使脸上有疤也很可爱。"

目 录 CONTENTS

PART 1　感知美，美好高贵的气质是一个人灵魂散发的香气

感知美，接近想要的生活和理想的自己 /002

一起来认识美，打开美的混沌之门。用心感受世界，用审美力堆积出人生愉悦，升级审美力。细节美了，生活也就美了。

读懂大脑审美逻辑，从简单美进阶到高级美 /012

让我们与大脑对话，听三重脑说说什么是美，然后运用智慧，从简单美升维到高级美。要知道越高级的美，越性感。

不停成长，看起来美比长得美更重要 /020

看起来美比长得美更重要，从容貌到内心，美可以有很多种层次。把美的一切，转化成生命中的优质能量，不停成长，遇见更美好的自己。

拆商越高的人，越美丽 /035

学着成为高拆商美人，学会场景借力，为美赋能。做最好的自己，过最好的人生。

PART 2　做高拆商美人儿，找对身材找到美

掌握人体审美大数据，走近你想要的美 /044

了解人类对身材的审美算法，教你成为美人的3条最优路径，要知道正态分布的身材都是好身材。

了解人体比例，做无懈可击的美人儿 /051

先来看看"万人迷"的身材什么样，让数据告诉你什

么是人体的黄金比例。其实美不美就看头身比、头肩比和头颈比。先测腿长，再决定穿什么更漂亮，用腰线凸显大长腿，做九头身美女。

找对身材类型，人人都是气质美女 /065

看看你的身材类型，是骨感型还是妩媚型？是风情型还是清纯型？是干练型还是柔和型？

只有找对身材类型，才能变身气质美人儿。

穿衣"伪造"好身材 /074

做高拆商美人儿，建立自己的身材数据档案，管理好自己的美。让衣服为你的身材加分，而非减分。决定突出哪种气质，由你说了算。

PART 3　正确照镜子，调控骨相+皮相中的变美元素

头面部审美大数据，决定了你的脸美不美 /084

正确照镜子，理性认知头面部。要知道符合正态分布的脸，就是好看的。相信你的美，独一无二。

吃透不同审美观，针对性变漂亮 /092

西式审美重结构，符合黄金面具就是美。中式审美重线条，三庭五眼+四高三低才是美。美丽固然重要，但长得漂亮不如活得漂亮。

骨相+皮相：共同构筑面部动人之美 /100

骨相是指骨骼支撑和轮廓构成，皮相是指五官布局和皮肉附着。教你容貌保鲜，延缓骨相与皮相衰老。

裸露的灵魂：不同面部传递的不同感受 /113

你的脸是硬朗型还是柔和型？是知性型还是稚嫩型？

是强势型还是亲切型？提取可用面部元素，你来定义你的脸。

PART 4　气质九宫格，助你突破变美上限

气质找对了，再谈美不美 /124

好的气质，是美的"首因效应"，气质找对了，再谈美不美。其实形象无优劣，就看你怎么发现你的美，让气质统一，才是变美的基础。

拆一拆气质，外貌也是沟通力的一部分 /132

看外表时，我们究竟在识别些什么？一起来拆一拆，气质的硬件和软件。了解下不同外貌特征对应的不同心理感受。

找到你的变美主战场 /143

洞察视觉识别优先顺序，做一下气质九宫格对照前的心理准备，找到气质主场，锁定你的优势气质。

发现"真"气质，规避认知误区 /183

有些气质类型分野难辨，界限不明，有些气质类型截然不同，差异明显，还有些气质类型动静差别明显。规避认知误区，找到真气质，才能找到美。

PART 5　多维气质，不同场合不同的美

当你找到你自己，才能找到你的美 /192

气质九宫格是个"未来词"，先有了气质，再给气质归类。教你气质判断的基本规律，了解气质不在线的原因。生活中，我们要对标明星的气质，而非长相。

确定最美主气质：最小改变，最大赢家 /204

先确定你的主场气质，然后选择改变本最低的气质。选好气质主战场，在变美的路上轻松躺赢。

抽屉理论，让别人感受到你想表达的美 /210

形象是最外层的自我表达，抽屉理论是指形象表达由

表及里的3层级。链接形象表达的3种能力，使用九宫格积木块，美可以很多元。

变美，从运用不同的气质元素开始 /220

领会3个关键思维模型，熟练运用不同气质元素的变美思路。变美，从敢于直面自己开始。

PART 6　气场扭曲力，最神奇的变美魔术

升维！你的美感能量场 /228

能量场是人与人交互的第一感受，教你速建能量场3要素，升维你的美感能量场！

你的气场扭曲力，是影响别人的利器 /238

气场扭曲力是是人类的独有魔术，能够扭转别人的意识，是影响别人的利器。你的美，由你决定。

用气场UP容貌，变美的招式和心法 /245

学会气场扭曲力的招式和心法，用气场升维容貌，悦纳自己，打磨出属于你的耀眼正能量。

PART 1

感知美,美好高贵的气质是
一个人灵魂散发的香气

气质 变美从来不靠长相

感知美,接近想要的
生活和理想的自己

● 认识美,打开美的混沌之门

我们经常说美,美到底是什么?现在,我们就一起来了解一下审美通识,打开审美的混沌之门。

我们总是追求自己是美的,希望看到的东西都是美的,大家有没有思考过美的本质是什么呢?美仅仅是指外貌长相吗?还是有更深层的含义呢?

首先说明一下,我们这里所说的美是狭义的美,广义的美是一个非常复杂的哲学体系，在这里就不讨论了。

什么是狭义美呢？ 令我们产生积极情绪的事物，和谐的、有序的，都可以称之为美。

什么是狭义丑呢？ 让我们产生消极情绪的一些事物，冲突的、无序的，都可以称之为丑。还有一些负能量，如憎恶、愤怒、讨厌等各情绪，也是丑的。

比如说我们看到整洁和杂乱的环境，就分别会产生美和丑这两种感受。

我们再来看一看，关于形象美，我们的认知发生了哪些变化？

在我们小时候，看到长头发就觉得是女人，短头发就是男人。那时候我们得到的信息是简化的，是本能的一种反应。

后来，随着我们接收的信息越来越多，我们会觉得长得好

看的人穿什么都好看，还有流行的、名牌的东西穿到身上就是好看的。

我们现在经常吐槽明星的穿搭是丑的，这说明我们可以识别矛盾感了，能识别冲突的信息。我们是如何做到的呢？因为现在是信息爆炸时代，我们的大脑会不断增强处理信息的能力。

过去，我们父母辈的衣服款式非常少，现在随便到淘宝上搜一下，一条阔腿裤就有一万多种款式。这么多暴增的信息，大脑肯定会出现一些应激反应，从而加快处理信息的能力，于是我们对信息的敏感度就会越来越强。

我们看父母辈们的老照片总会觉得好看，因为他们可选择的信息非常少，那些信息都是经过重复检验的，是安全的，搭配出来基本不会出错。而且，那个时候的发型和衣服好像也没有不好看的，没有哪个人的打扮是不合适的、冲突的。但是，妈妈们到了现在这个时代，选择衣服时反而困难了，就是因为选择多了，难度加大了。

● PART 1
感知美，美好高贵的气质是一个人灵魂散发的香气

为什么我们过去不用学习审美，只要有钱去买流行的衣服，自己随便穿穿就可以，但是现在必须要学习审美，学习如何穿搭？就是因为信息暴增以后，我们需要更有效地去处理这些信息，才能打扮得更好看。

因为发生了这样的变化，审美越来越难，现在需要我们更多地去感知它、去挖掘它，甚至去把握它。

我们学习审美，拥有审美，不仅仅是为了让自己变好看，审美之于我们的意义也有多重，能大大增加人生的幸福感。

● **用审美力堆积出人生愉悦**

很多人觉得我现在所有的烦恼，所有的不幸福都是源于我不好看，没钱又没有时间。很多人的压力焦虑都是如此，对不对？

可是，真的是你有了美貌，有了钱，有了时间就能过得幸

变美从来不靠长相

福吗？生活中有很多又美貌又富有的人，其实也未必幸福啊。

这些看着好像都跟审美没有关系，其实关系很大。比如说很多人觉得生活没有乐趣，没有自己的兴趣爱好，幸福阈值非常高，遇到很大的惊喜才会开心。平时看到一朵白云啊，看到一只小鸟啊，都引起不了自己的愉悦，幸福阈值非常高。这样就很难感受幸福，其实这就是缺少审美能力的表现。

如果我们对美景、文章、音乐等都没有品鉴能力，只是沉湎于吃饱喝足，就产生不了精神愉悦感，人生会少很多乐趣。

审美能力不足还体现在我们挑衣服时品味不够，甚至我们不会拍照，不会识人，细节感非常弱，别人能看到的东西我们却看不到。包括我们认为只有年轻才是美的，对衰老非常恐惧等种种方面。

这些东西都导致了我们审美的狭隘性，甚至让我们处理不好自己的情感，处理不好各种人际关系。这是为什么呢？因为我们感知不到这中间是存在美的。也就是说，如果你感知不到

• PART 1
感知美，美好高贵的气质是一个人灵魂散发的香气

美，你就无法真正拥有一个有趣的灵魂。

什么是有趣？愉悦感是审美能力堆积出来的。

幸福是什么？就是你在生活中处处能感知到美，你会觉得波澜壮阔很美，平凡琐碎也很美。很多人说我不会拍照，需要去学一些摄影知识，然而，他们忘了：审美的前提是你要先能发现美。

右面图片是我在海边抓拍的一张照片，夕阳西下，降落伞缓缓落下时，有那么一瞬间的美。首先我们要能发现这些美，然后才能表达出来。这些都是我们能拍好照片、做好穿搭的审美前提。

● 夕阳下的降落伞

变美从来不靠长相

我们在生活中看到有些人,你会觉得她很漂亮,一看就觉得她过得很幸福,因为她整个状态"美滋滋的"。这说明她的生活是由美堆积起来的,不是由那些无序的、混乱的、矛盾的东西堆积起来的。

所以说,幸福的人就是处处能感知到美的存在的人。

● **用心感受世界,升级你的审美力**

生活中,我们要努力提高自己的审美能力,拓宽审美范畴,才能更多地享受到审美的愉悦,才能生活得更快乐。

有很多人都觉得凹凸有致,线条明显的曲线美是美,那你能不能欣赏那种非常有力量的,平视世界的美呢?能不能欣赏那些长得比较有冲突性,但是非常有自己生命意志的美呢?

PART 1
感知美,美好高贵的气质是一个人灵魂散发的香气

如果我们欣赏不了丰富的美,只认可某种单一美是美,那看到的丑元素就会越来越多,你会感觉生活在由丑组成的环境里。因为外界给你传递的美感信息减少了,你大脑中存储了太多丑的信息。如果我们能提升审美的水平和欣赏的范围,就可以时时生活在美的场景中,感受到美的滋养。

对形象的审美也同理,我们要做到既能欣赏年轻之美,也能欣赏岁月沉淀下来的阅历之美。像奥黛丽·赫本年轻时堪称国色天香,老了以后继续为社会奉献,散发她的光和热,也很美啊。这是一种时光之美、慈悲之美、沧桑之美。如果我们只能欣赏青春的美,就会导致自己非常狭隘,对年龄很焦虑,只是一味维护自己的容貌之美。

在生活中也一样,我们需要静静去品味很多细节的美。比如微微的雨滴落下,产生的涟漪循环往复的美;感受食物的色香味之美,体会食物从味蕾刺激到大脑带来的味觉之美;感受情侣之间亲密关系之美,情感的美好渴望,温柔灼热的目光,爱的投射和美好的互动。

用美的心感受这个世界,要知道,这种种一切,都是美。

● **细节美了,生活也就美了**

人为什么会觉得生活无聊、枯燥、无序甚至迷茫焦虑,是因为我们对生活当中的美感知太少了。只有频繁地感受到很多美,在一言一行,穿衣打扮和生活中时时感受到美,幸福感才能提升。我们经常说我们的生命长度是有限的,但是每一个人生命的宽度却不一样。美,可以有效延展我们的生命宽度,而且让生命质量更高。

比如说我们今年都是30岁,也许我已经感受到了这世上很多很多的美好,但有些人可能重复地过着枯燥无味的生活,这就说明人的生命宽度是不一样的。

审美延展了我们生命的宽度,这就是审美之于我们的意义。

PART 1
感知美，美好高贵的气质是一个人灵魂散发的香气

从现在起，我们每个人都要有个概念，那就是我们想让自己美，生活在美的环境当中，想让更多的美给我们赋能，首先要学会去发现美，去感知美。

从点点滴滴做起，学会用美装点自己，燃亮生活，一起越来越美。

 变美从来不靠长相

读懂大脑审美逻辑，从简单美进阶到高级美

● 与大脑对话，听三重脑讲述什么是美

我们想要了解美，就要明白不只是我们的眼睛在审美，一定是你看到了某种事物，然后投射到了大脑中，是我们大脑处理信息的结果。也就是说美是在我们的大脑里，在我们的意识里运作的。那么美又是在我们大脑的哪一个阶段开始出现的呢？

站在人类进化的起点看，其实人并不是生下来就是一张白纸，实际上大脑记载了从原始动物发展到生物链顶端全部的记忆。在进化的过程中，我们的脑容量发生了很大的变化。人类

PART 1
感知美,美好高贵的气质是一个人灵魂散发的香气

最终能在生物界称霸,就是因为我们的大脑在不停地进化。

解释美的理论非常多,我觉得最通俗易懂,大家也最好理解的,就是三重脑理论。它本来不是用于解释审美的,是被我引用过来的。你会发现,在人类进化的不同阶段,大脑是会越长越大的。

我们的脑是一个整体,并不是一层一层的,只是从进化学上来讲它有三个生长阶段。让我们一起来看一下这张图:

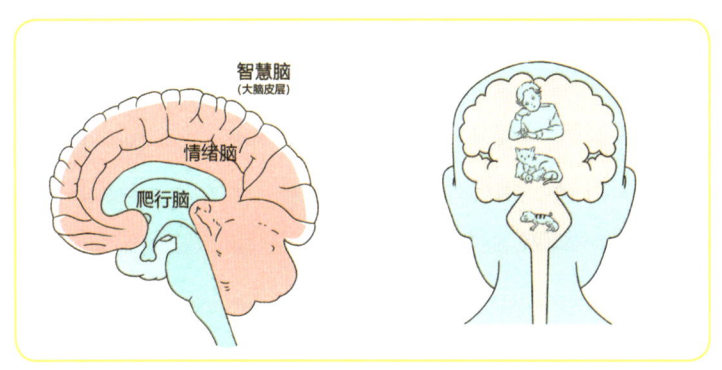

● 三重脑示意图

第一个阶段叫爬行脑。这个大脑最古老,我们所有本能的反应都记录在这个部分。它主控生命中枢,像我们的心跳和呼

吸是不需要思考的,每天内置于我们的体内。

第二个阶段叫情绪脑。它主管我们的情绪,比如我们饿了,愤怒了,表达攻击性等。它是供我们沟通交互用的。

第三个阶段叫智慧脑。它非常大,占整个脑的2/3,是它让我们区别于哺乳动物。我们现在所说的脑,指的就是这个脑——人脑。

那么,这三个脑对日常生活产生了什么样的影响?相信这不仅能帮我们认识美的问题,还能帮我们了解为什么生活中经常会出现情绪不受控制、畏难等现象。

第一层爬行脑的优势就是快速,有心灵感应,能进行适应性调节。劣势是僵化,死板,不会学习。它在生活当中有哪些体现呢?比如我们面临危险的时候,本能就会有一些反应指引我们去规避,而且速度非常快。

第二层情绪脑是哺乳动物独有的,主管情绪。它非常有警惕性,服务于安全感,优势也是快速,劣势是从众和排斥变化。情绪脑最主要的功能是"维稳",我们经常说"舒适区",就是指你的情绪脑让你陷在里面出不来。它很武断，比较负面，容易产生一些不良的情绪，非黑即白。

爬行脑和情绪脑结合起来运用是很快的，不耗能的。咱们来看一下日常生活中都有哪些体现？首先是立目标容易失败，因为情绪脑是维稳的，它希望让我们介入在旧的模式中，因为旧的模式有安全感。还有，我们对负面信息的排斥也是情绪脑在主控，比如喜怒形于色，有些人一不高兴你马上就能看出来，这就说明他的情绪脑在起作用。

第三层是最后出现的智慧脑。它是我们的智慧中枢，掌管分析、计算、创新、预测、积极意图等，是更高级的脑。我们能做出计算，做出防范，做出反应，都是智慧脑在起作用，它服务于我们整个精神世界的构建。它的优势是面积非常大，功能很强。分左右脑，左脑主管理性，右脑主管感性。

它有16万亿个神经元，非常灵活丰富，创造力和想象力强，容易训练。只要连续去刺激它，很快就能形成一项技能。比如咱们现在常说的28天习惯养成，就是让你频繁地使用智慧

气质 变美从来不靠长相

脑,由此养成一套思维模式。

智慧脑的劣势是启动很慢,要0.4秒才能启动。同时它很耗能,非常消耗我们的能量。还有就是需要持续的启动训练,一段时间不用就退化了,需要持续不停地去刻意练习。由此形成的记忆很难强制擦除,也就是说拥有了一些能力后,你很难忘掉它。

智慧脑在生活中有哪些体现呢?它能帮我们控制情绪,让我们变得更加积极主动。但有时候人其实是非常被动的,要想调动积极情绪并且畅想未来,就要积极启用智慧脑。

动物脑代表的是我们的无意识状态,但要知道,我们和动物不同的是人是有未来的,我们是有生命长度和宽度的。

如果说用人类脑在主导,我们的主导思想就是高级的,我们会有成本意识、交换意识……包括会觉察、发现、分析、评估、解决问题,是一种链条型的思考,而不是一种本能的反应。

所以,大家在做很多事情的时候,要想一想我们此时此刻是在用动物脑思考问题还是用智慧脑在思考问题,避免做出冲动行为。

现实生活中,大部分人都是用动物脑做主导,人类脑做辅助,但是有少数人是用人类脑做主导,同时兼顾动物脑里的优势。于是这些人极具感召力、操控能力、煽动能力,同时实现了个人成功,这是一种比较完美的状态。

运用智慧,从简单美升维到高级美

我们为什么要了解这些呢?因为审美也分动物脑审美和智慧脑审美。

是不是只有人类拥有审美能力,拥有美呢?其实并不是,动物也是有审美能力的。我们来看动物界,大家知道有些鸟毛色越鲜艳,越容易觅得配偶。这说明对动物来说,有利于生存

气质 变美从来不靠长相

繁育的，就被视为美。

比如，狮子在生存能力强的时候，更容易获得母狮子的喜爱。在动物界当中，客观存在着这种审美的择偶偏好，实际上这是在选择生存有利性。也就是说，美最早其实是指生存有利性。

人类最初的审美也是以有利繁育为美，拥有丰满的胸部和臀部，具备生育特征的女性，大家都会觉得美。并且，至今这仍然是一部分男性的审美。因为这些都是有利于生育的特征，是祖先总结下来的有利于生存的"大数据"，深深烙印在了我们的潜意识中。

原始时代，我们崇拜的是与生产力有关的信息，崇尚有利于生存的功能性审美。到了现代，我们不需要再把有关生产力的东西直接摆在外表上了。我们开始显示智慧脑的特点，展示信息处理能力，慢慢能够开始欣赏高级美，这是一个漫长的发展过程。

● 越高级的美,越性感

发展到现在我们频繁使用智慧脑的时代,审美发展到了什么样的阶段呢?就是在每个事物背后我们都能进行精神延展,都能进入高级的意向世界。

如果我们只用动物脑去审美的话,是非常原始功能性的,就是只有有利于繁育的美才是美的。但我们现在能欣赏各种各样的美,不一定是觉得对方长得美,而是我们从其身上看到了某种精神意志。

也就是说随着我们的发展,智慧脑起用得越多,越能拥有美感的精神性。当你的美具备精神性了,你能看到事物背后的运作逻辑,美的界限就会被拓宽,不再被物本身所限制。

随之,你眼里的世界,就会更美好、更宽广,有无限生机和无限可能。

气质 变美从来不靠长相

不停成长,看起来美比长得美更重要

● 从容貌到内心,美可以有很多种层次

如果我们平时只是用动物脑来审美,那么就只能看到具象的东西,很难理解一些抽象的内容。

什么是具象,什么是抽象?一幅画上面画了个向日葵,这叫具象。什么是抽象?它用了多少笔触?画家有什么样的思维和想法?这些我们不能直接看到的背后的信息,被称为抽象。

也就是说动物脑只能处理具象的信息,只能看到一个人的容貌信息,比如皮肤白、大眼睛、高鼻梁、长腿,这些具象的信息。抽象的信息是什么？这个人要经过多少努力才获得了马甲线，她要有什么样的自律性，她展示了她对世界什么样的态度？

看不见摸不着的东西都是抽象的，动物脑理解不了抽象的信息，只能理解具象的信息，这就是我们说的内容审美。如果说你只能欣赏得了事物本身，进入不了其所延展的意向世界，那就需要去提升对抽象信息的处理能力。

内容审美具备哪些特点呢？是动物脑在起作用，处理的是具象的信息。

内容审美，它是由我们的本能加我们的经验提取构建出来的，它能处理具象信息，具备有利性、先进性和刺激性。

包括对先进生产力的崇拜，一些新的东西出现了，我们会觉得之前旧的就丑了。包括觉得贵的东西具备美感，这都是一种内容审美。

例如，像我们看别人的脸，你会觉得脸部开阔的，有留白的就比五官挤在一起的好看。比如说法式摆盘，那么大的盘子中间就摆一点东西，这就代表了某种富裕，不是那种紧紧巴巴

变美从来不靠长相

的匮乏感,所以我们会对密集的东西有厌恶感。

包括生产力直接的展示,比如现在流行什么直接穿到身上,这些东西都属于内容审美。还有我们经验存储的调取,就是一切你看久了的东西,重复曝光,就会给你熟悉感。比如你公司新来一个同事,她第一天上班和她第五天上班,你就看她第五天比第一天好看,这就是重复曝光效应。

包括对一些东西的审美也是一样,你可能觉得大的就是比小的要好看一点。鲜艳的就是比暗淡的要好看,这就是内容审美在主导。

针对形象来说,有利于繁育的、年轻的就是美,这就是内容审美。

精神审美是什么呢?是智慧脑在起作用,处理的是抽象的信息。

一个人的能量,一个人的精神面貌,一个人传递出来的生命意志，这些信息都不是能直接看得见的摸得着的，都属于抽象信息。精神审美是逻辑，是能处理抽象概念的。也就是说如果精神审美是我们的主控型审美，我们就会拥有多维的处理信息的能力。

这是我们的智慧脑所独具的一种能力，可以处理多维关系，包括构建理想和展示高级能量。人活着不仅是生存这么简单，还有一些意志层面的力量。智慧脑可以延展跃迁，能让我们由表及里，从表面看到本质。我们欣赏一个人的美，能看到这个人思想行为的关联性。比如健身，能看到一个人的自律；老了依然很自信的人，能看到她内心的饱满。

精神审美还能让我们的感知越来越经纬化，提高视觉像素，抓取最小的单位。内容审美只能看到一个大的概念，精神审美可以细致优化到很精微的单位组成。美好的感受具备丰富性，是不受物本身限制的。比如，你在大脑中想象和喜欢的人在一起，也是很美好的。这就是跃迁性，我们可以从一个事物联想到各种各样的事物，然后产生很美的一种体验。这就是我们人类独有的精神审美，它帮助人类构建了精神上无上的享受。

气质 变美从来不靠长相

精神审美能优化内容审美。我们经常能看有一些人因为自信而变美，因为才华而变美，因为极度热爱一件事情而变美。比如一个演员在演戏的时候，一个歌手在尽情投入唱歌的时候，都可以优化其外貌。

在穿搭中，如果内容审美是主导审美，我们会单点化直接展示。想要时尚，就盲目穿上流行的衣服；想要年轻，就直接把粉嫩衣服穿到身上。这些都是具象信息，这是因为很多人处理不了抽象信息。

抽象是什么？衣服和我之间的关系，和自己气质、认知程度的匹配度。它是抽象的，是看不到的，这都是内容审美无法处理的地方。

如果我们用精神审美作为主控能力，我们就可以处理这些抽象部分。显年轻到底靠什么，是需要计算的。比如，通过浅浅的颜色，柔软的衣服材质，与自身气质符合的版型来展示，包括用不谙世事的表情综合传递出一种年轻态。

不适合自己的装扮　　　　　　　　　　适合自己的装扮

变美从来不靠长相

● **看起来美比长得美更重要**

内容审美和精神审美,共同构成了我们对美的感知。我们是逃不过内容审美的,因为我们无法违背本能,但我们可以积极训练智慧脑。

内容审美具象,但它在我们的浅层,是最容易反射出来的东西。比如我们看到一个人,觉得这个人不太好看,这就是一种具象的浅层的反射。但如果跟他相处久了,感受到了这个人的性格魅力,感受到了对方与众不同的能力,感受到了很多抽象的部分,慢慢地看他就习惯了,这就属于精神审美,它可以优化内容。因为精神是由智慧脑控制的,虽然反应比较慢,但它是比较深入的。

人要提升审美能力,提升的空间是什么?就是要优化内容存储,看到什么能从大脑中调取相关联想。比如,我们看到一个人的穿搭,如果你大脑中没调取出相关信息,就很容易产生排斥。这就是为什么很多新型的设计一定有去年设计的影子,其实就在利用我们动物脑中对重复性,对经验的一种依恋。是要有一点变化刺激新鲜感。

人的审美有差别，是怎么造成的呢？

有两方面原因：一是我们大脑里存储的可调取信息不同。像一线城市和农村存储的经验就不一样，西方国家像美国和中国存储的就不一样。当我们想调取一些相似经验的时候，找到的东西是不一样的。二是每个人动物脑和智慧脑的使用度是不同的，每一个人启动的程度也是不一样的。

比如说一提神仙，你大脑中调取的是观音菩萨，美国小孩调取的是雷神，这就是经验里存储的信息不一样。如果你总看韩剧，会觉得韩国的妆容和衣服很好看，如果总看欧美剧，可能觉得大气的服装好看。这都是大脑中存储的经验对审美的影响。

如果能理解很多事情背后原因，我们审美的段位就提高了。当你大脑中关于丑的信息被一点点扫除，你肯定就幸福了，因为内心的满意程度提高了。

变美从来不靠长相

● 把美的一切，转化成生命中的优质能量

生活中经常有这种情况，比如我穿这件衣服好看，我同事却说不好看，这时候就出现了有人审美好，有人审美不好的矛盾。我们经常面临不同的审美评价，本质上就是审美立场不同，那么，原因是什么呢？

可能她觉得穿衣显年轻是好看的，你觉得显成熟是好看的。或者她只看衣服本身，看内容本身，而你看到的是衣服和你之间的搭配关系，就是抽象的部分。或者她对衣服还没产生熟悉感，大脑中没存储过这方面的经验，对她来说太刺激，一时接受不了。因为情绪脑是排斥变化，排斥新事物的。或者她只关注了衣服本身的展示性，有些人就是这样，只要衣服好看，她就觉得可以。而你关注的是自己和衣服之间的整体性。

你一定要记得，当有人提出不同意见，你要去分析评估对方启用的是内容审美还是精神审美？她关注的点是什么？这样你就能知道为什么你们的审美不一样。

所以，我们想要提升自己的审美能力，就要往大脑中多存储优质信息。比如现在经常说给孩子做胎教，为什么胎教美育很重要？因为胎教就是在胎儿大脑中存储将来可调取的信息。还有，我们要开发自己的智慧，增强逻辑能力，只有这样我们的审美才能不断提升。

● 不停成长，遇见更美好的自己

懂了内容审美和精神审美的概念，现在我们来具体说一下，我们是如何审美人物的。也就是说，从内容美和精神美上，我们认为怎么样才算美人？

我之前说了，内容审美要有利性、先进性和刺激性。进化良品要有利于基因繁育，正态分布就是我们对美人的要求。

精神审美需要你能调取他人的愉快体验，唤起别人的积极情绪。也就是说抽象部分的调动，这是看不见摸不着的。

能做到这些，你就是一个美人。

气质 变美从来不靠长相

先从内容审美角度来看一下，什么是进化良品。

进化良品，即脱离原始长相没有重大缺陷的人。

我们的基因传到现在，已经经历了一波又一波变化，进化成果也是一种生产力，所以我们几乎都是"进化良品"。长相对环境的适应也是一种优化，是生产力的一部分。有些人长得不好看，是因为没有跟着时代进化，还具有类原始特征。只要我们脱离原始，我们就算是有好底子。现在很少见到有重大缺陷的外貌了，即便真有非正态的缺陷，可以用医美手段去解决。如果是一些小缺陷，化妆穿搭发型都可以遮盖和修饰。

内容审美还有另一个角度，即有利于繁育。有利于繁育最大特征是什么？年轻。因为年龄越大，生育能力越下降，所以很多人都想显年轻。让我们回到问题本身去，很多人通过剪齐刘海、穿粉嫩的衣服来显年轻，这都是表象化的处理，我们需要多维评估。想要从根本上显年轻，应该怎样？头发干枯开叉要剪掉，不要迷恋长度。嘴唇，保持好气色，再涂点口红。注意皮肤的透亮程度，适当打一点粉底。形体矫正，让骨骼有力量。训练眼球的灵活度，因为眼睛是心灵的窗口。做到这些自然就显年轻了，然后再在穿搭上进行调整。

总结一下，内容审美是指有形象的好底子。只要我们的长相没有重大缺陷，符合正态分布，就是有好底子。

从精神审美角度来讲，第一是调取愉快体验，也就是我们经常说的正能量。你一看这个人，就感觉她身上有正能量，觉得跟她在一起会有一段愉快的记忆。

还有唤起积极情绪，有的人我们一看到她，产生的情绪是积极的，能感受到一种生命意志。比如我们看很多欧美女星，身材容貌在内容审美中不算很美，但是我们可以感受到她们的强烈的生命意志，能唤起我们的积极情绪，这时候我们的精神审美就非常深刻。

怎么从精神审美角度建立向往？就是你看到她，会想我也想成为这样的人。不是说我也想长成这样，而是我也想成为这样的人。比如像李宇春和王菊，她们勇于表现真实的自己，自

信不畏缩，周身自然充满光彩。这就是向往，向往的力量是非常强的，能扭转大脑当中对内容的审美感知。

那么，精神审美的关键词是什么？精神意志。包括积极力，令人愉悦向往的这些因素，都是精神审美的关键词。如果我们做到这些，是可以优化外貌的。就像我们看到很多人其貌不扬，但是事业和人缘都很好。这都是精神审美更高一层的表达。

所以要成为美人，要优化内容审美，提升精神审美。不但从外表上优化自己，还要在精神上散发自己的意志魅力。视觉上的效果和精神上的效果，我们全部都要注意。

大家看很多素人改造，并不是简单的内容审美上的变化。不是衣服换了，妆容换了，头发换了，而是让她的生命意志有所体现，把精神能量散发出来。只有这样，才能让人感受到美好，也就是说让精神审美在审美上起作用。

首先，我们要在外显的内容上优化自己，让自己的形体、表情、生命力等得到提升，再去调取别人的愉快体验，唤起

素人改变后

素人改变前

积极情绪。

比如，高情商、优雅、善意、大方开朗等这些大家都喜欢的素质。虽然每个人的愉快体验不一样，积极情绪也不一样，但是这些通识性的体验和情绪不会有人排斥的。

为别人制造向往，有自信有斗志，有自己的辨识度，活出自己的风采，并且能够被人关注。做到这些，就可以成为一个美人了。

PART 1

感知美，美好高贵的气质是一个人灵魂散发的香气

拆商越高的人，越美丽

● 成为高拆商美人

审美能力的本质是什么？是信息的拆分能力，即拆商。

美是什么？是有序的、和谐的，只有它们之间的能量是平和的，我们才能感受到美。我们可以把一个信息拆到最细，最细的信息才是最容易重新组合的——每一个单位的信息都影响着能量之间的平衡。

比如说美食，辣椒有辣椒的能量，肉有肉的能量，盐有盐的能量，把这些东西组合在一起，再加火候的高低，全部能量

气质 变美从来不靠长相

集成一个结果,才能做出一道美食。每个行业的顶级人物都具备把控最小信息的能力。

所以,审美能力的本质是拆商,把信息——无论是具象的还是抽象的——拆到最小。把所有的积木拆成一块一块,再去组合出形状。

很多人会直接选连衣裙来穿,为什么?因为最简单,是一种单维的信息。如果再加一个外套,难度就增加了,再加妆容和配饰,整个积木块的关系变复杂了,重组就变难了。这就是为什么在穿搭方面,越多层次的搭配给人的感觉越时尚——因为更难了就是这个概念。

拆商在应用中,首先要看到一个东西的内容本身,然后再看内容背后的规律及关联逻辑,最后提取这个内容,再次重组。

举个例子,比如鉴赏音乐,过去你听莫扎特没感觉,现在重新去拆一拆,感受韵律节奏音色的同时,去了解一下音乐背后的情绪和文化,试着重新去欣赏一个音乐。再比如我们看电

PART 1
感知美,美好高贵的气质是一个人灵魂散发的香气

影,试着分析构图、配乐,观察演员演技……比如我们欣赏食物,不要只觉得这个好辣、这个好香,可以分析一下食材的色香味,大厨的心意、情绪过程,等等。

什么是有趣的灵魂?就是拆商高的人。拆商高的人能看到背后抽象的东西,拆出来的信息非常多,可以在信息上碾压你,因为你什么都没看到。他把他看到的细节讲给你听,你会觉得这是有趣的灵魂。

再说穿搭能力,先看一看自己的硬件气质,再看一下自己想要表达什么?把需求、场景等都拆一拆,而不是单一地去展示。

先改变语言体系,不要再泛泛地描述一个东西。比如经常有人说我个子矮大腿粗应该怎么穿……改变你的语言体系,要说出充分的能代表自己的话,这样别人给你的答案才是有效的。

然后是改变思考的终点,过去我们的思考非常浅,只停留在看一个人怪怪的。现在可以深层次感受一下,觉得一个人丑

到底是什么原因造成的？是因为他的面貌没脱离原始形态，还是气质不佳呢？是非正态分布唤起了你的不良的情绪，还是他让你感受到了负能量？都可以尝试去拆一拆。

最后是改变视觉像素。可能你过去看一个东西非常笼统。现在懂了拆商，你再看一片树叶，仔细看看它是由几种绿色组成的，强迫自己往大脑中录入一些具象的、更高、更广的视觉像素。慢慢把你的视觉像素从300万提到3000万，这样看到的东西会越来越多。

讲了这么多，从用脑模式到精神审美和内容审美，以后再看到一件衣服好看，我们要想一想为什么会觉得好看，到底什么吸引了自己，是内容审美还是精神审美在起作用，都要去想。

● **学会场景借力，为美赋能**

爬行脑帮我们存储了很多有利和有害的信息，叫量感识别。

PART 1
感知美，美好高贵的气质是一个人灵魂散发的香气

什么是量感，就是我们看到一个物体，是感觉安全还是危险，是艳丽还是模糊等，都是爬行脑里存储的感觉。比方说我们看到金毛狗，虽然它挺大只我们却觉得挺安全，但看到狼就会觉得非常危险，都是我们情绪脑里面储存的经验。

比如说我们看到蓝色的短袖，会联想到工装。看到有人穿白衬衫黑西服，会联想到保险从业人员。这是本能的反应，非常快速就出来了。所以我们在选服装时，如果你的穿着让别人联想到廉价的东西、不良职业的东西，甚至旧生产力的东西，就很容易显土显俗显丑。所以要注意职业联想、廉价联想和生产力联想。

后面的章节我们会讲到，**精神审美里有一个很重要的概念叫气场扭曲力**。假如一个人的气场很强，能扭曲别人大脑中对你长相的概念。喜欢丰满身材的人看到你，觉得苗条的也很美；喜欢皮肤白的人看到你，会觉得小麦肤色也挺好看。这就是构建理想、构建场景的一种能力。

我们的动物脑，是本能里存储的那些东西；我们的智慧脑，

是对抽象信息的处理。智慧脑常常起用和备用才能让我们成为真正意义上的人类。除了审美之外，生活中我们也要注意使用智慧脑，不能一听别人给你提意见你就排斥、逃离，有很多沟通上的障碍，其实都是由我们经常使用动物脑导致的。

在此，提醒一下大家，在我们饥饿、疲劳的时候，动物脑会占上风。因为那时候身体能量不足，生存受到了威胁，这时动物脑会成为我们主要的支配脑。所以，马斯洛的需求层次论指出，要先解决生存问题，再解决安全问题，最后才能上升到精神层的需求。

● **做最好的自己，过最好的人生**

在日常生活中应该怎么提高审美呢？

先整理一下家中的环境，尽量减少能量冲突。因为丑是冲突的、无序的，是会让我们产生不良情绪的。再留心一下日常生活，感受一下小区的景观等过去你习以为常的东西。

去看画展，过去看不懂的名画，现在去了解一下它背后的信息，看到它抽象的部分，相信你会产生不一样的感叹。去看评价比较高的电影，多维度欣赏，从演员眼睛释放的眼神、嘴角的细微动作等角度去感受一下这部电影有什么不一样。

回忆一下你喜欢的人和讨厌的人。喜欢对方的原因是什么，是因为内容审美，还是因为精神审美？讨厌对方的原因又是什么，是容貌不好看，还是调取了你不愉快的体验，唤醒了你的不良情绪？

认真照照镜子，找一张自己觉得比较美的照片，然后自我回答你是不是个美人，打算如何做让自己变成一个美人？想想如何优化自己的审美。

我们要积极进行审美更迭，升级大脑里美的存储。并从各方面做练习，训练智慧脑，提高拆商，从而提升审美力，让生活更愉快。

PART 2

做高拆商美人儿,找对身材找到美

气质 变美从来不靠长相

掌握人体审美大数据，走近你想要的美

● 成为美人的3条最优路径

我们经常以为自己最了解自己，但在没拍形体图之前，其实我们并不知道自己的身材到底是怎样的。我们经常会对自己陷入一种选择性关注，就是在意的东西会关注，比如说会关注自己好看的一面，会选择性忽略自己不好看的一面。而且，我们容易陷入一种单点式判断，很难从第三者的角度全面去看待自己。

现在，咱们就进入第三者的视角，看一看自己到底是一种什么样的形象。

我们首先来了解下自己的身材,之后再了解头面部,最后再了解自己的气质。也就是说,了解一下我们的身材和头面部加上举止综合体现出一种什么样的气质。

做一个美人其实有三条路径。首先,基础上没有重大缺陷,腿略短腰略长脖子稍微短一点这些都不属于重大缺陷。然后了解自己的优缺点,明白自己的需求,提升思维能力才能为自己做设计,否则就是执念先行一叶障目。最后是建立气场扭曲力,

气质 变美从来不靠长相

建立正确的自我认知并自我接纳,才能自信地释放能量。

首先要客观地了解自己,这一点是非常重要的。

● 人类对身材的审美算法

我们会觉得一个人的身材美,也是有审美依据的,那我们的依据是什么呢?

假设我们是从人猿进化来的,我们的脖子变长了,手臂缩短了,腿变长了,身姿挺拔了,更好的直立行走了。我们的创造力也发生了一些变化,开始利用装饰物了,能物尽其用了,这就是身体整体上脱离原始的一种变化。

为什么我们会觉得脖子短显土气,就是因为有一点类原始状态。所以,只要是脱离原始状态的身材,就算是比较好的身材。

PART 2
做高拆商美人儿，找对身材找到美

○ 欧洲古典贵族女性

身材审美的变化，一直反映的是意识形态对生产力的崇拜。比如，中古时代的欧洲，贵族美女都是溜肩，一点肌肉都没有，因为这时候主张养尊处优之美，强调丰腴的生育力，所以重点突出女性的特征。

那个时候，对女性身材最直观的审美就是腰臀比，一定要腰细胯宽。要知道，自从人类站立行走以后，女人生育这件事就成了整个自然界最痛苦的事，胯大代表着有生育优势，所以这时候就以胯宽为美。

气质 变美从来不靠长相

那时候的艺术品也在表现女性人体美时崇尚丰腴之美，腰腹之美。后来，当女性开始成为社会生产力了，开始创造社会价值了，人们对女性人体的审美才渐渐多元了起来。

所以说人对身体的审美，是生产力变化导致的意识形态变化。女性的主要价值从生育发展到现在我们能为社会创造更多价值，于是审美形态开始越来越包容。这是近些年才出现的一种审美文化，之前一直在强调生育之美。

这里也体现了我们后面要讲到的气场扭曲力，只要你是正向的积极的，你就可能引导一部分意识形态。你可以去扭曲别人的固有意识，你也可以引领意识形态，成为超级个体。

我们一定要对自己自信，只要你是特别的存在，能让别人产生向往，你就能代表跟你相关的所有审美。

● 正态分布的身材都是好身材

从内容美的角度上看,只要脱离了原始的状态,没有一看就极明显的原始特征,比如手臂特别长,腿很短,脖子很短等,就行了。大部分人其实都是一般正态分布的身材,很少有特别好或特别差的。

一般女性身高在1.5米到1.7米之间都属于正态分布,只要不是过分干瘦或特别肥胖,都算是好身材。

总体来说,只要没有特别大的缺陷,处于中间地带,都算是拥有一副好身材,所以我们每个人都不要妄自菲薄。

再从精神审美上来看,从意识表达方面来讲,好身材要具备一种正向的表达能力。现在的我们为什么以瘦为美?因为匀称的身材在物质充裕的当下代表了一种自律和节制。现代社会物质丰富食物丰盛,只有对食物不那么贪婪,才能保持健康,给别人建立积极向往。

也就是说，无论你的底子如何，只要你的身体给人传递了一种积极的情感上的影响，让别人产生了向往，我们就算拥有了一副好身材。

因为人的主观意识不一样，所以审美是不一样的，我们必须学会接纳自己的身材，只有完全开敞自己的时候，才能产生影响力。

人类对身材的审美：	从内容上审美：	从精神上审美：
生产力变化导致的意识形态变化。	只要脱离了原始状态，成一般正态分布，都算一副好身材。	"好身材"要具备正向的表达能力，如自律、健康、力量、向往等。

了解人体比例，
做无懈可击的美人儿

● 看看"万人迷"的身材什么样

对于人体比例有一套通用的审美标准，就是无论什么意识形态下，我们大家都会对此产生美感。

首先，我们来了解一下大自然中有一个非常神奇的数字叫 0.618，这是个黄金分割点。比如，衰老的黄金分割点是 38 岁，以一百岁来算的话，人从 0.382 这里开始走向衰退。也就是说，女性从 38 岁开始会进入一个急速衰老的周期，可能之前是一点一点累积的，到这时候就爆发了。睡眠的黄金分割点是

变美从来不靠长相

7.5个小时，温度的黄金分割点是23度，穴位的黄金分割点是百会、丹田、涌泉穴等。

黄金分割点构建了宇宙，构建了我们所存在的世界，是我们大脑最早存储的经验，我们就会以它为美。

世界上所有的艺术品都符合一定的黄金分割比，比如断臂维纳斯身上有很多黄金分割比，大家看其肚脐的位置就是一个黄金分割比。也就是如果我们的肚脐刚好是在黄金分割线上的话，就会让人觉得美。

● 断臂维纳斯

● 过于强调腰线不显高

气质 变美从来不靠长相

● 美不美就看头身比、头肩比和头颈比

在日常生活中,有的人穿衣服时为了显腿长,一味提高腰线,结果却显得头很大躯干很长。因为如果头和躯干是1∶1的关系,就会放大头部,所以整体来看并不会很显高。所以,想显高就不要一味把腰线提到特别高,而是要注意整体的比例关系。

我们来看看基本的头身比概念。

黄金头长是身高除以八。我们不能用自己实际的头长来算,应该用黄金头长也就是你的身高除以八来算。这就是你的黄金头长。

如果身高不是特别高,尽量不要留及腰长发,头发太长会在视觉上把头拉大,实际上中短发是最能打造我们的头身比的。

我们再来看下头肩比,也就是头和肩膀的比例。

> PART 2
> 做高拆商美人儿，找对身材找到美

黄金头长乘以二就是黄金肩宽。一个肩应该有两个头长，就是一个很好的头肩比。我们亚洲人正常的范围是在0.55到0.63之间，黄金比例是0.5，这就是比较正常的正态比例。

所以不要不经计算就判定自己肩宽还是窄，要按这个比例来算一下。很多人因为喜欢娇小的感觉，总说自己肩宽，其实连黄金肩宽都没到。三角肌发达会显得肩膀比较宽，另外，平肩也会显肩宽，溜肩会显肩窄。

如果肩很窄的话就会显头大，头很大也会显肩窄。有的人头肩比例比较好，即便是膨胀的发型也显得比例还不错。有的人头肩比不好，发型又贴在脸上，显得头更大，肩膀更窄，会让人觉得头重脚轻。

我们在穿衣服时也要注意一下头身比和头肩比的关系。有的人特别瘦，再穿特别紧身的衣服就显得头肩比不好看，反而穿宽松一点的衣服显得头肩比更舒服。

大家学会了这个比例知识，再去看很多博主、明星的街拍，

气质 变美从来不靠长相

就不会只去看表面,可以看看她们是怎么调整比例,掩盖缺点、突出优点的。

包括我们自己在P图的时候,不要一味把腿拉到特别长,可以把头稍微缩小一点,把肩拉宽一点,都能显得比较高。

再来看头颈比,也就是头和脖子的比例。

刚才已经量完自己头的长度了,再量一下脖子的长度。正常平视,不要抬下巴,以平视的角度,从下巴尖到锁骨沟,锁骨交叉的中间有个沟,就是我们脖子的视觉长度。

头长应该正好是脖子长度的两倍。亚洲人大部分数据是2.75到1.75,黄金比例是2,也就是脖子的长度正好是头长的一半。

大部分亚洲人脖子都偏短,那该怎么增强视觉上脖子的长度呢?挺拔的仪态显脖子长,双下巴、伸脖子或者粗脖子会显短,斜方肌发达也显脖子短。大家会发现,只要我们做好形体矫正，最明显的变化就是脖子显出来了。

如果头小脸小，但是脖子很粗的话，比例就显得很失调，也会在视觉上显得脖子短。如果你的头脸很小，那就别让脖子太粗，平时要注意整个肩颈部分的拉伸。

我们穿搭衣服的时候，也要注意头颈比的关系。比如有的人消瘦、脖子长，那就尽量不要穿大领的衣服，开领可以开高一些。有的人脖子相对短，可以开领开低一些，或者穿露出较多脖子面积的衣服，改善一下视觉上给人的感受。

● 先测腿长，再决定穿什么更漂亮

看完了上半身的比例，再来看下半身的比例。很多人都关心我到底有没有一双长腿呢，这里就要说到腿长和身高的比值。

怎么正确测量腿长呢？找一个硬面的椅子平坐，注意坐直，

变美从来不靠长相

保持盆骨中立和脊柱中立。可以在头上放本书,把尺子拉到椅面,测量出坐高,身高减去坐高就是腿长。

亚洲人的腿长基本在0.45到0.5之间,黄金比例是0.5,也就是说坐高正好是身高的一半。低于0.45属于短腿,0.45到0.47之间为中型腿,高于0.47就是中长腿了,0.5以上就是大长腿。我们亚洲人多半是短腿和中型腿,0.47和0.5在生活中都不太常见。

有些人说我不愿意穿高跟鞋,但穿平底鞋一定会显得腿短。这就要看你的比例了,如果腿有0.5长,就完全没有必要穿高跟鞋,因为比例已经很好了。

可以测试一下穿什么样的高跟鞋刚好能弥补比例,用你的坐高也就是头顶到椅面的距离减去腿长,如果是负数或是零,就不需要穿高跟鞋;如果是正数,就应该穿有厘米数的高跟鞋,这样比例刚好到0.5的位置。注意,测量时应穿着裤子量,因为裤子可以标记出裆部。

• PART 2
做高拆商美人儿，找对身材找到美

来看一下中型腿和短腿的对比，我们看左图的女性个子比较矮，右边的女性个子比较高，但当标记出她们坐高的位置时你会发现，左边的女孩其实比右边的女孩坐高还要高一些。右图这位女性就属于亚短腿的状态，她身高比左边的女性大概要高五厘米的左右，但坐高位置却比矮个的女性还要低。

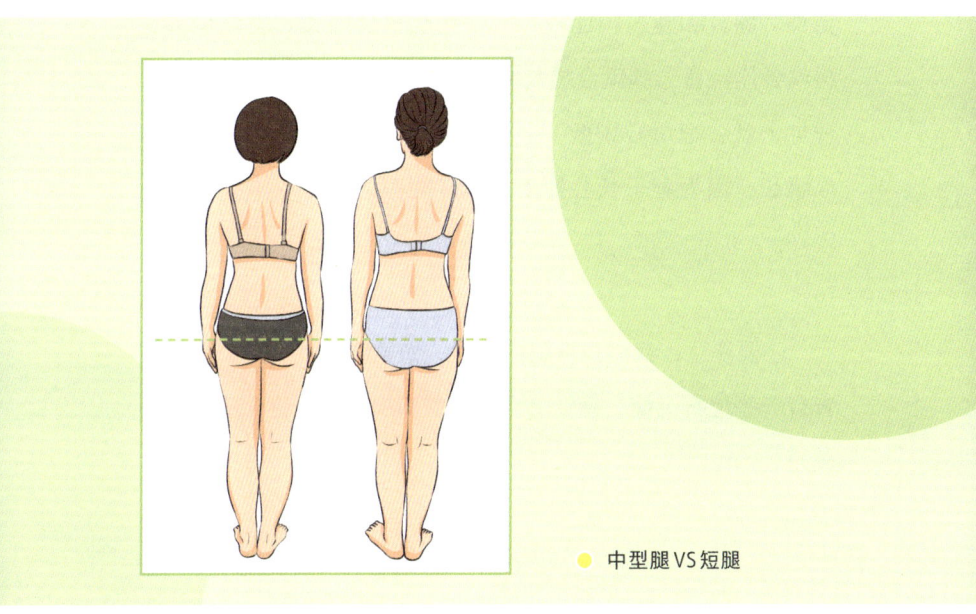

● 中型腿VS短腿

所以，我们不要觉得一定要个子高才会有大长腿，个子矮也有可能有大长腿的。最终是要看比例，而不是看整体的身高。有些人动不动就说自己长得矮，有双小短腿，其实并不是。我们要计算一下，正确看待自己的腿长。

从视觉感受上来说，腿直、臀翘、腰细、脖子长都会显腿长。腿直和腿弯相比较，肯定是腿直显腿长。髋骨位置正腿就会比较直，腿就会显长一点。如果腿部肌肉翻到外面去，视觉上就会把重心压低，会显得腿比较短。为什么脖子长会显腿长，因为脖子长会把上身视觉缩短，显得下半身比例比较好。

还要注意，我们在露腿的时候，如果膝盖骨特别突出，或者有一些色素沉淀，视觉上会有一些切割效果，也会显得腿比较短。

用腰线凸显大长腿,做九头身美女

说完了下半身比例和腿长,再来说一下上下身的切割点,就是肚脐。肚脐是我们上下身的切割点,用脚底到肚脐的长度除以身高就可以算出,亚洲的正常范围是0.56到0.6。

肚脐是上下身的分割线,是最适合放置腰线的位置。我们亚洲女性很少穿露脐装,也不常真正把肚脐的位置暴露出来。女性想优化自己的身材,是有这个黄金分割点可以利用的,这也是女性独有的优势。为什么穿高腰服装会显腿长,或者扎一根腰带标示出腰线会显高,其实就是虚假标记了分割点。

如果你的上下身比例很好,肚脐的位置长得接近黄金分割点,但是腿长比例却不好,就证明腰比较长,那就更适合穿裙子。因为腰长穿裤子并不好看,会把下面比例拉得比较差,切割点会变多。

我们看一下第62页两位女性的身材对比图。左图的女性虽然不到1.6米,但是比例很好,腿长和黄金分割比都很好;右

 变美从来不靠长相

边的女性虽然比她高，但是肚脐远离了腰最细的位置，视觉上拉长了上半身。所以右边的女性更适合穿裙子，如果穿裤子就会很明显地暴露这个身材缺点。

如图我们再来看一下，同一个人的不同穿着，第63页左图我们看她的腰线会以为她是五五身，右图我们会以腰的位置为上下身的分割点，觉得她是大长腿。这就是调节比例的一个方法，我们穿衣服之前可以先思考，到底要调哪些比例，然后再有目的地穿搭。

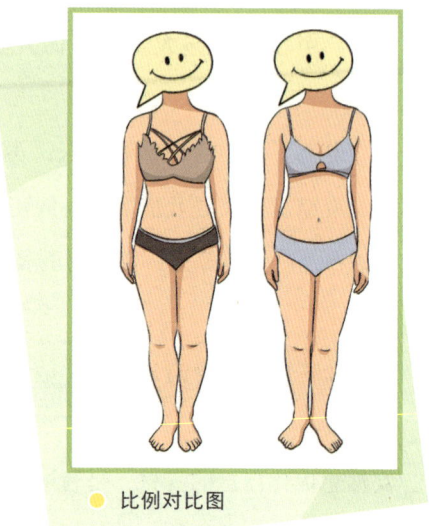

● 比例对比图

PART 2
做高拆商美人儿，找对身材找到美

● 错误穿搭VS正确穿搭

我们平时看很多穿衣博主的各种搭配，不应该只看这些衣服有多好看，而是要总结穿搭套路。这样平时在穿衣服的时候才能借鉴她们的搭配，将衣服放置在黄金比例腰线，再利用高跟鞋拉长腿的比例。

● 数据告诉你,什么是人体的黄金比例

横向比例:	纵向比例:
沙漏身材腰宽明显小于肩宽臀宽	头身比6.95-7.5 黄金比例8
矩形身材肩宽腰宽臀宽接近	头肩比0.55-0.63 黄金比例0.5
梨形身材肩宽明显窄于臀宽	头颈比2.5-1.75 黄金比例2
高脚杯身材肩宽明显宽于臀宽	腿长身高比0.45-0.5 黄金比例0.5
酒坛身材腰宽大于臀宽	上下身切割点0.56-6 黄金比例0.618

我们需要了解的比例都在这里了。头身比黄金点是8,头肩比黄金点是0.5,头颈比黄金点是2,腿长身高黄金比点是0.5,上下身黄金切割点是0.618。大家可以看一下表格中的纵向和横向比例,对照一下。

但是,一定不要特别严苛,要知道每个人的身材都有自己的特点,拥有黄金比例的人是极少数的,大部分人都是普通人。我们要做的是更准确地认知自己,更会调节和表达自己,精准操控自己给别人传递的感受,这才是我们需要学习和控制的。

找对身材类型，
人人都是气质美女

● 性别感：你的身材是骨感型还是妩媚型

了解自己的形体本身也就是这些客观存在的硬件，那么这些东西到底给人一种什么样的感受呢？我们关注自己的形象，最应该关注的点是我们的身材传递给别人什么样的感受，这才是形象表达中可以调控的地方——怎么通过调整身材给人的感受来表达自己。

首先，我们的身体是能给人传递"雌雄感"的，是更男性化更硬朗一些还是更女性化更柔美一些，身材其实是有内在表达的。

变美从来不靠长相

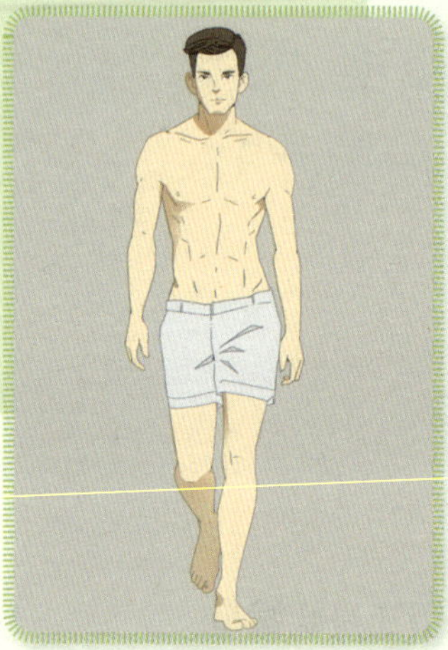

● 男性身材 　　　　● 女性身材

男性的身材特征就是，肌肉块很大，斜方肌发达，肩宽胯窄。整个身材是直线的，肩胛骨腰胯都很直。女性化的身材就是曲线感很强，基本看不到骨骼，是肉包骨的感觉。所以，如果骨骼很突出，就会给人一种雄性的硬朗感觉；如果身体是圆润的，就会给人一种雌性的柔美感觉。

• PART 2
做高拆商美人儿，找对身材找到美

我们会根据一个人身材传达给我们的感觉去对标识别她的性格。如果身材给人的感觉比较硬朗，我们会觉得她有一种干练的气质；如果身材曲线感很强，我们会觉得这个人很有妩媚感，比较温柔；中间型身材我们就觉得挺适中，比较温和。

所以，不同的身材线条构建，能传递是偏男性化还是偏女性化或比较中间的感受。

我们看这张图中的女孩，看起来有一种硬朗感，因为她的身材很直线，没有明显的女性曲线。由于身材骨架大，缺少一些女性化的曲线，容易给人传递一种硬朗感。肌肉线条明显、骨感明显，也容易给人雄性的感受。也就是说，这种比较直线的身材，整体给人的感受是偏雄性的。

● 直线型硬朗感身材

 变美从来不靠长相

如上图，我们再来看一下给人女人味感受的女性身材，只要身体有丰润感，线条玲珑，就能给人一种雌性的女人味的柔美感觉。

像沙漏身材、梨形身材等，都很丰满，一看就是女性化构造的身材，就会给人一种比较偏女性的感受。

● 女性化曲线身材

• PART 2
做高拆商美人儿，找对身材找到美

我们再来看给人比较适中感觉的身材，有一些女性的身材没有那么高大，比较适中，没有明显的肉感，不是沙漏身材，有点腰但又没那种肉感。这种身材给人的感觉就比较中间型，骨肉附着均匀，不过于直线也不过于曲线。

● 中间型身材

所以，大家要知道，我们的身材首先是能给人传达雌雄感的。有些人不顾自己本身的身体条件，比如说纸片型身材非要练出蜜桃臀或练出一些什么突出曲线，这是不客观的，这跟自己的身体硬件条件的雄雌性是有很大关系的。

变美从来不靠长相

● 年龄感：你的身材是风情型还是清纯型

身材除了能给人硬朗感和柔美的雌雄感，还能给人一种成熟还是稚嫩或是适中的感受，这是由身材本身给人传递的成熟度决定的。

有时候我们看两个身材都是有点曲线的那种，有人明显看着成熟一些，是有点韵味的丰腴感，有的则显得比较年轻，是少女的那种肉肉感。为什么会有这种区别？区别就是有的人是大骨架上覆着丰满肉感，有的人是小骨架上附着的肉肉感。都是女性化身材，大骨架就给人一种更成熟的感觉，小骨架就有一种减龄的感觉。

如果都是直线身材，大骨架、个子高的就比较显成熟，小骨架的纸片身材就比较减龄。有一些女孩年龄很小，但是腿很长，看着就比较有"女神感"，如果营造可爱感就会让人觉得很突兀。而有着小短腿的女孩，就给人一种减龄的感受，让人觉得非常萌、非常可爱。

还有一种身材就是中间身材，既没有什么成熟感，也没有很强的减龄感，这种就是适中的类型。

总结一下：给人成熟感的身材是：高大的、丰满的、发育成熟的，腿长的，有强壮感的。给人减龄感的身材是：娇小，纸片人，有发育不良的感觉，腿短，有柔弱感。给人适中感的身材是：骨架适中，直曲适中，具有匀称感。

有些少女感长相的人，给人的感觉是娇俏调皮古灵精怪的，穿着打扮的时候却喜欢突出大长腿，其实是有一些冲突违和的。

我们给人传递的感受一定要是一致的，不能一边给人传递一种妩媚的感觉，一边给人传递一种硬朗的感觉；或者一边给人传递娇小可爱的感觉，一边给人传递很"女神"的感觉。这其实就是一种冲突。

在表达自己的时候不要局部地去看，要整体去看。有时候单看是好看的，但整体看就违和了。一定要明白其中暗含的表达关系。

 变美从来不靠长相

● 你的身材是干练型还是柔和型

身体还能给人传递厉害的和温和的感受。也就是说一看这具身体就觉得不好惹,或者一看这具身体就觉得挺亲和,甚至有挺好欺负的这种感觉。

○ 显厉害的身材

○ 显温和的身材

PART 2
做高拆商美人儿，找对身材找到美

有的人就算把她的脸都挡上，坐在那里还是显得挺厉害挺干练的。有的人你一看就知道跟她进行商务谈判要谨慎、要小心。有的人你听到她高跟鞋的声音就知道不好惹的女人来了。不是所有的表达都会通过大嗓门和面部表情来表现，有的人端端正正坐在那边，就给人这种很厉害很不好惹的感受。

而有的人明显就温和很多，头部整个边线是圆润的曲线的，肩膀也向内扣，整个身体线条是圆润的感觉。也有的人长得是蛮厉害的那种，但是姿态很畏缩，肩膀向内缩然后头伸到前面去，这种姿态也会显得比较弱比较好欺负。

骨骼突出有尖角的人，或具有挺拔昂扬的姿态，就会给人一种厉害不好惹的感觉。娇小的肉感的身材，再加上畏缩的感觉，就会给人一种好欺负的感觉。骨肉适中的身材，没有明显突出的骨和肉就会给人适中的感受。

变美从来不靠长相

穿衣"伪造"好身材

● 让衣服为身材加分

我已经说了形体本身,也说了身材传递给人的感受,明白了可以在形体上进行的调节其实是很有限。我们可以通过调整腰线和使用高跟鞋等来显高显瘦显比例好,但是,最终别人接收到的其实是我们给人的感受。

这最终会指导我们选什么样的衣服去表达自己,你的衣服本身因而就有了意义。穿衣服其实是为了"伪造"身材,我们穿什么衣服就"伪造"出什么样的身材。你到底是想凸显雌性柔美感还是雄性干练感,是想显厉害一点有攻击性,还是想显得很温和很谦虚，就看你如何"伪造"自己的身材。

你已经知道了直线给人感觉是硬朗的，这是其传达的身材感受，那么如果想显得强势硬朗一点，在选衣服的时候就可以选直线剪裁或者有垫肩的衣服；如果想显得柔和妩媚一点，就选择贴合曲线材质轻柔的衣服。

还有一点要注意的是，我们要留意我们给人的量感感受。几个人坐在一起，哪怕你坐在中间，旁边骨骼更突出更宽大的人也会更突出，就是因为量感出众。所以我们有时候想突出自己，是要增加量感的。有的人明明挺高，但是身材上有很多圆角，软软的，也会给人一种小量感的感受。你会下意识地觉得她个子矮，很温柔可爱。

这就是我们"伪造"出来的身材给人的感觉，不同的服装类型，还有我们的量感，给人传递的感受都是不一样的。

气质 变美从来不靠长相

● **突出哪种气质，由你说了算**

简要地来回顾一下，如果想显高，从外形上来讲，可以穿高跟鞋，可以适当提高腰线，这样都能把自己的身材比例拉高一点。如果从感受上来讲，想显高需要放大你的量感和存在感。比如穿得直线一点，把肩线勾出来，打造出一个更直的比例。或者突出锁骨或露出肩胛骨，让身体呈现出一些硬角。

如果想显年轻，从外形上我们可以选择一些减龄的搭配，比如，现在很多人会留年轻点的发型，穿年轻点的衣服，但这都不是根本解决方案。应该从感受上入手，比如，穿色调轻柔的衣服，把硬朗的厉害的感觉遮盖住。

比如，你要去面试，你想要一点干练的感觉，这时候你应该突出自己身材组成部分中的雄性元素。也就是说把肩显得宽一点，上半身显得硬朗一些，腿显长一些，把锁骨露出来。如果你要去约会，想显得柔软一点，就要把腰身露出来，多显示身体曲线，衣服材质要柔软一些。这些东西才是最具有实际指

• *PART 2*
做高拆商美人儿，找对身材找到美

导意义的，是我们表达中的重点。

每个人的身材和长相都不是由完全纯粹的因素构成的，我们要充分了解自己身材给人传递的感受。想拥有怎样的风格，由你决定想突出哪种气质。

● 不同穿搭突出不同气质元素

举个例子,如第77页图中同一个人的三种造型,如左图所示,我们想显得厉害一些,就把肩线勾出来,显得肩膀更平。如中间图所示,我们想显得女性化一点,就突出曲线感,就会比较温润知性。如右图所示,如果想显得年轻一点,不妨穿宽松的衣服,缩小人在里面的量感,就会比较减龄。

这就是通过不同的细节"伪造"身材,调控给人传达的最终感受的办法。

● 建立你的身材数据档案

现在,我们对自己的身体有了比较正确客观的认识,这是每个人气质的重要组成部分。如果你长得很硬朗、很成熟,就不太可能是小绵羊气质,这都是我们在以后要自我对照的。

请你分析一下自己,看自己具体是哪一种身形。可以拍一张自己的照片,包括正面、背面和侧面,建立一份专属于自己的身体模卡。对照一下自己的形体,看看自己的头身比怎么样,头肩比怎么样,头颈比怎么样,上下身比例怎么样,腿长怎么样,然后延展思考一下以后穿衣服时该怎么穿。

如果我们平时能多观察一下自己的身体,和自己对对话,想一下自己日常中给别人传递了一种什么样的感受,这样就不容易陷入各种单点关注的执念中了。

个人形象模卡

正面半身照　　　侧面半身照

正面全身照　　背面全身照　　侧面全身照

身高：
体重：
气质：
颜值优点：

颜值缺点：

身材优点：
身材缺点：
主场表达：
客场表达：
购衣执念：

常用场合：

个人形象模卡

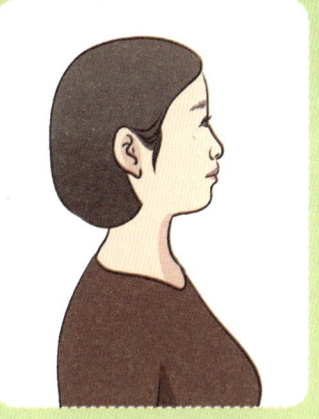

身高：164CM

体重：56kg

气质：天鹅型偏狐狸

颜值优点：面部均匀、五官比例佳、平和、舒展、眼睛有神

颜值缺点：下半脸赘肉、眼睛略下垂、眉眼距过大、精致不足显土气

身材优点：曲线感强、腰细、正态比例

身材缺点：臀腹赘肉、腿略短、胸过大

主场表达：知性、优雅、女人味

客场表达：妩媚、明艳

购衣执念：喜欢减龄、清新元素、马卡龙色、花哨设计

常用场合：普通着装要求的职场、休闲商务场合、闺蜜聚会

PART 3

正确照镜子,调控骨相+
皮相中的变美元素

 变美从来不靠长相

头面部审美大数据，决定了你的脸美不美

● **正确照镜子，理性认知头面部**

平时，我们在观察自己的时候，总是容易关注脸的大小、眼睛大小这些非常单点的问题，现在，我们可以系统地来了解一下自己的头面部。在这个过程中，我们一定要做到抽离地看自己，不要带有任何的感情色彩，就像看一个陌生人一样，用科学的知识去确定自己的面孔。

请记得，镜子里面是一个陌生人，需要一个知识网点上的投射，不要去抠太多细节。要知道，别人看你的时候看的是大

概感觉，我们现在切入的就是他人视角。对方不会仔细看你的眼睛有多大，睫毛的长短，这些细节其实很难看到。

我们所看到的别人都是强调出来的，也就是说你平时给人一种什么感受，一定是你自己强调了某个部分。

了解头面部有哪些意义呢？首先我们能知道自己有哪些改善空间，也知道自己有哪些局限；其次我们能据此判断气质的组成，它是气质九宫格一个非常直观的体现；最后这是我们化妆发型穿搭的基础。如果不了解自己，你根本不知道自己想要强调什么。

要知道现在市面上很多课程，问题就在于太模板化，是没有个性面孔的，你需要自己往里面填充自己的面孔。而这本书你看完后，可以盘活很多干货，全世界都会变成你的主战场。

最后，你可以增强对自己的觉察。过去你对自己的了解非常笼统，现在你可以非常清晰地有条理地了解自己。

有的人有一种通透之美，有的人则一团混沌。要知道愚昧

的人、通透的人传达给别人的能量是不一样的。

● **符合正态分布的脸，就是好看的**

首先，来看一下头面部的审美依据，相信大家已经非常了解本书的逻辑了，就是一切都要找到一个最底层的基石。我们的内容审美就是对生产力的极度崇拜。所以，现在的人越好看，说明长相越脱离原始状态。

● 原始人头骨

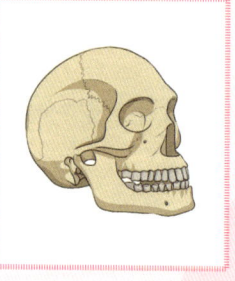
● 现代人头骨

原始人的头骨有这些特征：首先颅顶距离非常低，因为那时候我们的脑子很小。现在我们的大脑变大了，智慧脑占了整个大脑的2/3，脑门和颅顶增高了，面部的挑高往后长了，中轴线回位了。

脑门也就是头顶到发际线的这个部分被称为颅顶，我们看第86页左图原始人的颅顶距离，也就是脑门几乎是没有的。所以，我们平时看到有些人额头窄，颅顶平，就会觉得不够聪明，有点迟钝的感觉，因为类原始态。

其次，过去的原始人下巴非常大，咬肌很重，因为那个时候牙齿是主要工具，而现在食物精细化了，不需要那么大的咬合力了，所以我们现在的脸部是上宽下窄。所以，当看到有些人的下颌骨非常宽大，咬肌很厚，上面却很窄，就会显得不好看。也不能说宽下颌就是丑的，而是说上窄下宽是类原始的状态。

那么，脱离原始的面部变化都有哪些呢？

颅顶距增高了，我们面部的骨骼往中轴线靠拢了，过去下面是突出的，现在回位回到中轴线以内。鼻子由平的变成了挑

变美从来不靠长相

高的,因为人类站立了,鼻子就变高了。下颌骨退化掉了,因为我们现在吃东西不需要那么大力量了。面中部崛起了,咬肌退化了,牙齿变平了,没有那么锋利了。抗光老化力增强了,因为皮毛退化了,抗光老化的基因增加了。然后,皮肤变光滑了,面部表情自然舒展。

举个例子,我们生活中看到有的人面部表情一紧凑,就觉得这个人毫无美感,就是因为太类原始了。

● **你的美,独一无二**

人类审美的发展变化,都是由生产力决定的。也就是说生产力决定了意识形态,意识形态引领了审美的变化。看一个时代的审美,就能看出当时社会所处的意识阶段。

古代美人都是脸盘大,细眉细眼。古时候形容美女会说"脸若银盆",也就是指面部大,五官小,脸上留白很多,这在

• *PART 3*
正确照镜子,调控骨相+皮相中的变美元素

当时代表了某种进步和富裕。比如,清朝很多姿色过人的妃子我们现在看都不好看,为什么?因为那时候的审美跟现在不太一样。

● 民国美女图

近代民国时的美女依然如此,古典美人也都是脸盘比较大,细眉细眼的柔弱型长相。再往近代就开始变得均匀一点了,脸上有肉,不露骨骼,五官对脸的填充度是差不多的。

那么到了当代呢,审美趋势变成了推崇小脸大五官,我们

气质 变美从来不靠长相

看很多网红都是脸部小巧五官比较大,这是因为受到了西方长相的影响。

现在看莫文蔚这种非典型美女,我们也称为大美人,舒淇这种五官比例不是特别均匀的美女,我们也觉得挺美。我们的审美越来越多样化越来越包容,意识形态开始丰富了起来,不是一种统一的意识形态了。所以只要你的长相脱离了原始,就是一个好底子。

我们每个人都是有美感的。如果你认为自己不好看,其实应该更多地调整自己的表情和气场,不自信的表情和精神状态只会让你的面部越来越松垮、越来越不好看。

综上所述,由于生产力变化导致的意识形态变化,人类对面部的审美是一直在变化的。

崇尚柔弱就有柔弱的审美,崇尚独立就有独立的审美,崇尚狭隘就有狭隘的审美,崇尚丰富就有丰富的审美。

从内容审美上来讲，只要脱离了原始状态，成一般正态分布，没有重大缺陷，就是一副好底子。从精神层面上来讲，好的面部要具备正向的表达能力，比如舒展的面部会带来积极健康令人向往的感受。我们的面部代表了我们的情绪，代表了情绪能量是否稳定。

大家要知道，情绪会最快释放在我们的头皮和面部表情上。有时候毫不自知地就皱眉或挑眉了，这就是情绪脑的诚实表达。

习惯性表情会固定在面相上，这就是"相由心生"的底层逻辑。所以，我们每个人都要尽量保持好情绪，呈现正能量。

变美从来不靠长相

吃透不同审美观,针对性变漂亮

● 西式审美重结构:符合黄金面具

东西方的头面部审美差别在哪里?我们会发现,欧美人的轮廓是非常明显的,非常有立体感,骨骼明显。我们中国人的面部特点就是线条感流畅,面部眉线眼线都有一种线条流动之美。

从艺术作品上我们也能看出来,结构素描都是从西方发展起来的,主要描述勾勒轮廓之美。中国画就是一种"态",讲究的是线条之美。这就是东西方文化的一种本质差别。

• *PART 3*
正确照镜子,调控骨相+皮相中的变美元素

● 西方美女

● 东方美女

我们看西方人的五官,哪怕长得很平均,五官轮廓也是很清晰的,量感都是比较大的。但我们中国人长得再立体,也是有一点扁平的长相。

所以西方的审美工具是什么?是黄金比例面具。

就是指整个的面部结构符合一定的黄金比例。黄金比例是

西方文艺复兴时期发现的一种标准,现在它也影响到我们亚洲人的审美。

我们看奥黛丽·赫本,她就在一定程度上符合黄金比例,套上这个面具就很适合。但是我们中国人套上,就算是公认的大美女,套上以后也有一定的不符合。普通人套上黄金比例面具就更不用说了,大部分人都不符合。任何比例的面具都是非常标准苛刻的。

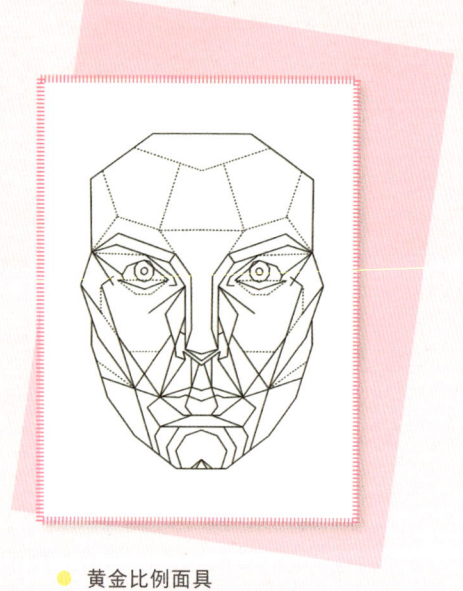

● 黄金比例面具

● 中式审美重线条：三庭五眼+四高三低

中式的审美工具是什么？是三庭五眼、四高三低。

我们一直是以平均为美的，中国人讲究中庸，以平均为美，所以三庭五眼、四高三低是我们的传统审美标准。

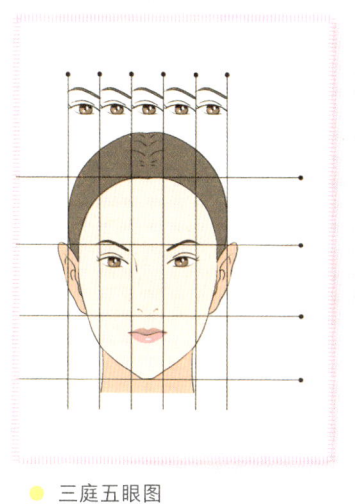

● 三庭五眼图

＊三庭五眼

三庭是哪三庭？从发际线到眉毛，从眉毛到鼻头，从鼻头到下巴，这就是我们的三庭。三庭应该是均匀的。

那五眼是什么？是指我们眼睛的横轴面大约是五个眼睛的距离。比如说两个眼睛中间有一只眼睛的距离，然后两边再有两只眼睛的距离。这就是五眼。

 变美从来不靠长相

有的人不符合三庭五眼,但是符合黄金比例,其实长成比较古典的三庭五眼是好看的,长成黄金比例也是好看的。也就是说,这些东西不具备绝对性,只是具备参考性。

咱们在化妆的时候,如果想要知性一点优雅一点,就尽量去调整三庭五眼。如果想要更西式一点,就按照黄金比例进行调整,这样就会事半功倍。

*四高三低

那四高三低指的是哪里?

四高是额头高,鼻尖高,唇珠高和下巴尖高。

三低是指鼻额交界处是低的,人中是低的,下唇下方是低的。

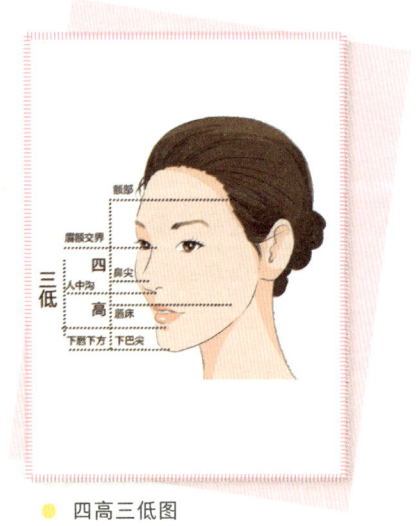

● 四高三低图

所以现在很多人整容喜欢垫额头，垫鼻尖等，把四高弄出来，三低相对就低了，"四高三低"无意间成了整容的标准。但要注意，如果你的脸是比较平的那种长相，非要垫成这种效果，其实是不符合自己的五官逻辑的，甚至你的头骨都不一定支持这种四高三低。

像周迅就是一个典型的四高三低的长相，这样就已经非常突出了，要知道我们中国人大部分不会有很大的面部起伏。还有很多别的女明星面部几乎就是平的，也很美丽。所以大家不要过多去追求面部起伏，我们亚洲人的骨骼是不支持过高的轮廓起伏的。不要说因为不符合这个所谓标准，就去医疗整容，其实是完全没必要的。

● 长得漂亮不如活得漂亮

西方的审美注重轮廓，使用的审美工具是黄金比例面具。东方审美重视线条，使用的审美工具是三庭五眼、四高三低。

 变美从来不靠长相

而现代的审美倾向，是混合了东西方审美的一种混合式审美。

● 混血美女图

如今，我们越来越推崇像迪丽热巴这种混血式的审美，它结合了西方人的轮廓美和东方人的线条美。西方人大都骨骼突出，但线条不是很流畅；中国人大部分线条偏流畅，但面部起伏不够大。现在的审美有结合的趋势，即取两边所长。

现实生活中很多混血孩子长得确实都很漂亮，既有轮廓感，眉骨和鼻骨都比较精巧，五官也是大量感的，线条也非常流畅。

这就是东西方审美的一种结合，我们现在之所以觉得混血审美很好看，是因为它结合了这样一些优点。

但谁都不可能说给你一副五官的牌让你自己挑，让你拥有所有的面部优势。我们每一个人都有自己不同的长相特点，有自己的优缺点，应该认可这种天然存在的规律，而不是去生硬地对抗它。可以通过化妆、通过发型进行微调整，但是不可能做到颠覆性的改变。

我们一定要接受自身条件的限制，可以调整的缺点尽量去调整就行了，不要去"死磕"那些根本调整不来的东西。

变美从来不靠长相

骨相+皮相：共同构筑面部动人之美

头面部的形由骨相和皮相组成，我们来了解一下。

有的人皮相很好，五官布局比较均匀，眼睛嘴巴都很精致。有的人皮相一般，五官布局不是很均匀，但是骨相长得很好，非常的撑苹果肌。为什么我们有时候会说"美人在骨不在皮"？就是因为骨相在某种程度上起到了决定性作用，而皮相是可以去练习的，我们可以有目的地练习中间的肌肉。

● **骨相：骨骼支撑和轮廓构成**

骨相是什么？骨相是支撑面部轮廓的，对轮廓有形成作用。

• *PART 3*
正确照镜子，调控骨相+皮相中的变美元素

骨点分布对衰老是有很大影响的，头颅骨骼和面中部的额头及眉骨都很重要。如果骨相挂不住，老了以后就会出现支撑的落差。所以，骨骼的不同，附着的皮肉流动性是不一样的。

如果颅顶位置过平的话，皮就很容易塌下来。如果头颅顶部比较高，中间的部分能卡住，是能支撑住皮肉的。所以现在有种整形是颅顶整形，往里面塞假体，撑起周围的皮肉。因为圆头骨的支撑是均匀的，支撑力足的，而平的头骨支撑点会集中在某个点上，没有那么大的支撑力。

再说面中部，面中部如果有骨骼支撑住，骨点就会非常自然，比如面中部的颧骨。如果颧骨高，又往两边长，就不是占优势的一种骨相。赫本到老脸上的肉都没有滑下来，虽然皱纹多，也没有出现松弛下垮的状态。

还有下颌骨如果不够有宽度，太窄了也会挂不住皮肉。我们看有些人的下颌骨因为挂不住皮肉，老了以后肉会堆到脖子上。

所以，大家应根据自己的骨相去预测哪里容易衰老，然后

变美从来不靠长相

好好去矫正。比如,你的下颌骨很窄,下巴很尖,平时就要注意矫正,让面部的支撑力均匀。

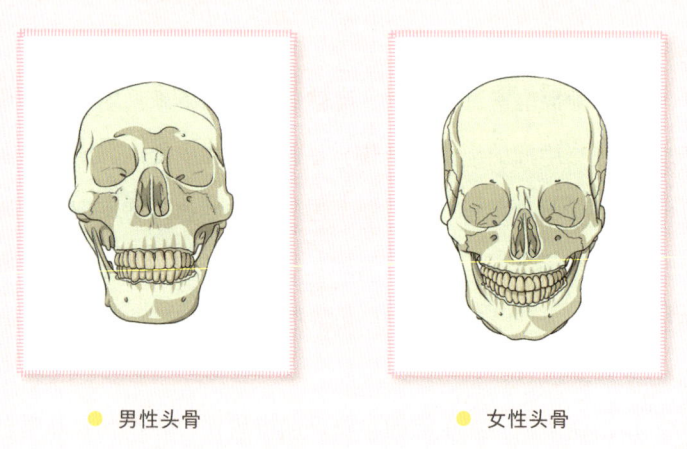

● 男性头骨　　　　　● 女性头骨

骨骼轮廓男女是有区别的,我们来看这两个头骨,一个是男性的头骨,一个是女性的头骨。男性头骨的特征是上面和下颌骨是差不多宽的,颞部比较窄。女性头骨的特征则是上面宽下面窄,颞部相对比较饱满。

要知道,雌雄是一个性别轴,不是具体男女的区别。它们的不同主要体现在方和圆,有骨骼感和没有骨骼感,上下差不多还是上宽下窄等方面。

• *PART 3*
正确照镜子,调控骨相+皮相中的变美元素

有时候,当你在打理发型时要把头发往两侧拉一拉,就是为了看起来偏女性化一点。为什么电影中有些女杀手显得很冷酷?正是因为把头发紧贴着头部梳,更偏男性感觉。所以一定要记得,头发妆容等等都是在调整我们的骨相和皮相。如果不了解这些就随便弄头发,你可能根本就不知道为什么今天要梳紧一点,明天要梳松一点。

骨骼的成熟也是有差别的,骨骼成熟度一般看是幼儿头骨还是成人头骨。幼儿头骨很大很圆,大脑门,成人头骨比较均匀,整个骨骼变硬了,骨点出来了。也就是说,面部的骨骼越隆起、越突出,说明骨骼越成熟。

● 幼童型　　● 中间型　　● 成熟型

我们看第103页的三张图,从左到右分别是幼童头骨,中间型头骨和成人头骨。最左图头骨非常圆,最右边偏方,中间的比较适中。大部分人都是中间型头骨,长成非常成熟头骨的和非常幼童头骨的人非常少。

我们来看一下骨相的总结,骨骼有支撑皮肉、塑造轮廓的作用。

颅顶、眉骨、颧骨还有下颌骨支撑,主要作用是支撑皮肉不下滑。骨点支撑大于肌肉支撑,大于筋膜支撑,大于皮肤支撑。

很多人平时习惯于把精力花在护肤上,其实,护肤是一种非常次要的行为,最主要的是要看一下自己的面部有没有支撑皮肉的骨点,要去练肌肉支撑能力,让面部有肌肉厚度。比如,说话不要光动嘴,要把面中部也调动起来,这样肌肉才能有支撑力。

骨相上也是男女有别的,立体圆润的头骨,也就是颞部宽下面窄的头骨,是更女性化的;如果是偏方的头骨,也就是上下宽度差不多的头骨,就更偏男性化。既不圆润也不偏方就属于适中型的头骨。

骨相的成熟度差别则是，类婴儿头骨，也就是有高颅顶大脑门特点的头骨显幼龄，成人头骨，也就是骨骼均匀有骨点隆起特点的头骨显成熟，既不幼儿也不成人头骨的，就是中间型。

● 皮相：五官布局和皮肉附着

现在你已经知道了你的骨骼支撑点在哪，是偏雌还是偏雄，是婴儿态还是成人态。而在骨骼上面附着一层皮肉和五官的话，又会出现不一样的形态。

*面部轮廓重要构建者：发际线

首先，来看一下面部轮廓的重要构建者——决定你脸型的发际线，这也是大家可以调整的地方。为什么我们平时露出额头还是留刘海，给人的感受很不同呢，就是因为发际线是面部的构建者。

 变美从来不靠长相

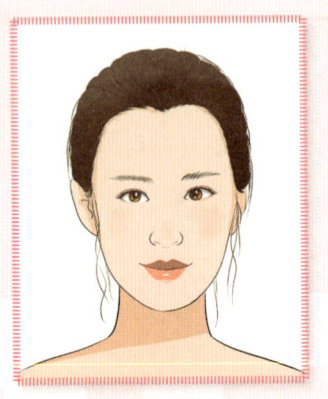
● 有美人尖的发际线

● 圆方型发际线

　　右图的女孩有着圆方形的发际线,既不圆也不方。左边的女孩就是有美人尖的发际线,显得比较精致。不同的发际线构建出不一样的脸型,精致的发际线可以增加面部的细节感,比如美人尖。

　　发际线是可以修理的,如果发际线非常不平整,或者显得脑门太窄了,可以修掉一点发际线。但是大家要知道,修理际线的时候尽量留点小碎发,否则不自然也不好看。

*五官对面部的填充度

五官对脸的填充度也很关键，也即大脸小五官还是小脸大五官。

有的人就属于大脸小五官，脸也不是真的大，而是五官把脸显得大，面部留白就会比较多，这样就显得非常清纯。还有就是五官分布适宜，差不多刚刚好的。最后一种就是小脸大五官，也是现在比较流行的一种审美。

● 大脸小五官示意图

现在很多网红都往混血感觉上打扮，其实就是小脸大五官。现实生活中，大部分人五官还是比较平均的。

*皮肉对骨骼的覆盖程度

再来看一下皮肉对骨骼的覆盖程度，皮肉覆盖度也在一定程度上影响了我们的面部感觉。

有的人就属于皮脂完全把骨骼包住，看不到骨骼露出，这

 变美从来不靠长相

种就属于皮脂覆盖度比较高的，看起来就非常减龄，满满的胶原蛋白的感觉。有的人露出来部分骨点，比如眉骨露出来了，这种就属于中间型。还有的人骨骼比较突出，属于皮肉覆盖比较薄，骨骼相对突出。我们可以根据这个标准对照一下，看看自己属于哪种皮肉覆盖度。

● 皮肉对五官的覆盖程度较饱满

*面部的比例布局

● 眼距略窄的面部

● 眼部略宽的面部

PART 3
正确照镜子,调控骨相+皮相中的变美元素

再来看一下面部的比例布局。

横向来讲,主要是以看眼距为主。有的人两个瞳孔距离比较近,看着就较为精明;有的人双眼稍微往两边扩,就会相对显得清纯一些。

● 略长的面部

● 略短的面部

然后再纵向来看,有的人脸比较长,五官的距离比较远,就会给人一种疏离感,有清冷的感觉;有的人属于短脸,五官在纵向上比较近,就给人可爱的感觉。

变美从来不靠长相

前者会显得偏成熟一点，后者看起来就比较减龄。

＊面部五官的特点

最后，再从面部五官的特点上来分析。

● 显厉害的面部

有的人整个眉骨和眼睛向上扬，这样就给人一种很不好惹的感觉；有的人是五官走势有点向下，眉骨有点往下延，眼角也低于眼尾，给人的感觉就比较温和。

也就是说五官走向的高低也会给人造成不一样的感受。除了五官走向之外，五官轮廓的圆或尖，也给我们不同的感受。

我们可以对照一下，看一看自己的五官是上挑的还是下垂，形状是圆钝还是细尖，思考分析一下五官传达给人的感受。

• PART 3
正确照镜子,调控骨相 + 皮相中的变美元素

● 容貌保鲜,延缓骨相与皮相衰老

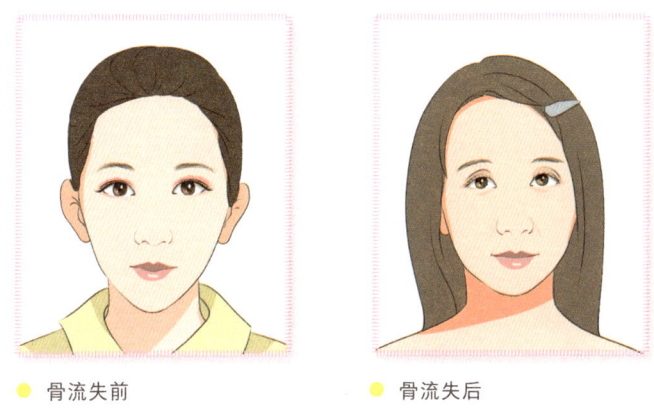

● 骨流失前　　　　　　　● 骨流失后

要知道,骨相和皮相在一定程度上是有变化的,并不是恒定的,也会发生变化。

最容易变形的是鼻软骨,也就是鼻头和眼眶的位置,这是一个非常容易变化的地方。我们要特别注意这两个地方,如果你长期熬夜又不运动,也不补钙,饮食摄入的营养不丰富,慢慢地,眼眶就会塌下去。还有我们的下颌骨部位,如果长期咬很硬的东西,下颌骨也会相对变发达,咬肌会很粗壮。如果不注意保养,导致骨丢失的话,结果是不可逆的,也就是说骨丢

变美从来不靠长相

失是补救不回来的。

骨丢失会让我们的面部变窄。如果你现在20岁出头，面部很饱满，面部脂肪还很厚，即俗称的"婴儿肥"。这是非常年轻的一个表现，千万不要去瘦脸。随着年龄的增长，面部骨骼流失，也就是说不用瘦脸手术，你的脸将来也一定会瘦的。

皮相随着年龄的增长也会发生变化，会变垂变直。年轻的时候一脸满满的胶原蛋白，后来脸变长了，这就是皮相上的一种变化。还要注意表情肌肉对面部形态的改变，比如，你说话时嘴角是向上的还是向下的，笑容是上挑的还是下拉的，说话嘴巴过度用力还是整个脸分散用力，这些都会引起皮相的变化。

要知道自然规律不可逆，我们应该坦然接受自然的衰老。当然也可以努力保养，让自己不早衰尽量年轻一些，但是，谁都不可能对抗自然。如果总是有年龄焦虑，只会加速衰老，让生命能量变低。

● 皮相的变化

• *PART 3*
正确照镜子,调控骨相 + 皮相中的变美元素

裸露的灵魂:
不同面部传递的不同感受

结合我们以上与大家分享的内容,接下来就可以分析你的面部特征给人传递了一种什么样的感受。

为什么不让大家去抠细节而是在意感受,因为没有人看见别人的第一眼就启动智慧脑去分析扫描——我们只是识别,去识别这种感受而已。感受产生的本质是什么?我们为什么会对人产生这样的感受?其实就是我们大脑经验的累积,是我们的动物脑几千万年累积出来的反应。所以,不要去逆着人的本能来做这样的事情。

● 性别感：你是硬朗型还是柔和型

首先，来看看脸部的男相与女相，我们之前讲了怎么辨别头骨是偏雄的还是偏雌的，看起来成熟还是减龄，是厉害还是亲和。雄性头骨因为比较直线，就会有一些硬朗感，面部就显得比较男相。雌性头骨的面部比较曲线比较圆，有一些柔软感，就显得比较女相。中间特质就是雌雄平衡，比较适中。我们大部分人都是中间型。

脸部首先给人传达了男相与女相的不同感受，到底是硬朗还是温柔，是我们给别人的第一感觉。

● 年龄感：你是知性型还是稚嫩型

下面，再来看看你看起来是成熟还是减龄。

当你看一个人，大脑首先反射的是什么？是我们的大脑中存储的经验。如果谁有着类幼童的特征，比如圆眼睛，塌鼻梁，

• *PART 3*
正确照镜子，调控骨相 + 皮相中的变美元素

鼻尖肉肉的，嘴巴比较圆，面部脂肪非常厚，我们就会觉得她很年轻。有的人的面部特征完全相反，眼睛细长，鼻骨突出，嘴巴线条比较尖锐，我们就会觉得她非常成熟。

● 成熟面部特征

● 减龄面部特征

比如同样是婴儿头骨的两个人，有的人面部脂肪丰厚，五官偏圆一些，眼睛中间部分相距较远；有的人则五官偏尖锐，眼睛尖角多，嘴巴和下巴也偏尖锐。这样就形成了成熟和减龄的区别。

总结一下，脸部三种特质的特征如下：

气质 变美从来不靠长相

成熟特质：成人头骨，面部布局骨感强。上庭窄，中庭或下庭长。五官形状尖锐。

减龄特质：婴儿头骨，幼童化面部布局。肉感强，上庭宽下底短。五官形状比较圆。

中间特质：不特别成人头骨也不特别婴儿头骨，基本符合三庭五眼，五官尖圆适中。

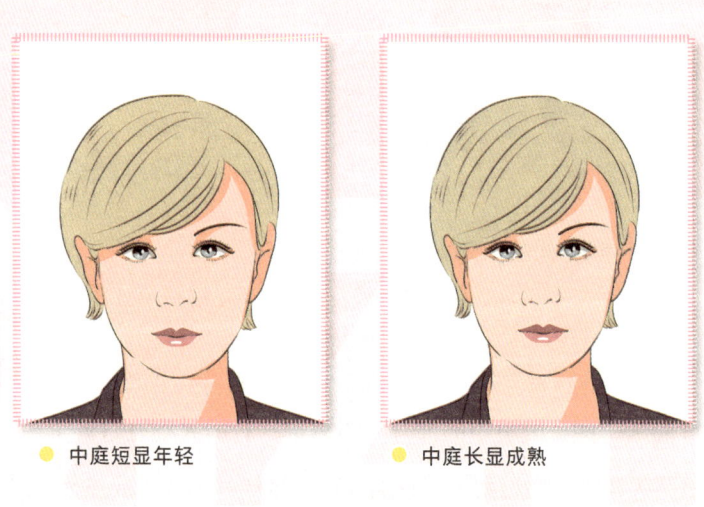

● 中庭短显年轻　　　　● 中庭长显成熟

咱们看一下上图，像左图长相就偏小一点，因为头骨圆，脑门大，鼻子短，也就是说视觉上来看中庭偏宽，下庭比较短。

现在，我给她进行一下修图调整，把脸变直中庭拉长，然后颅顶脑门都变窄，你会发现她一下子成熟了很多。

我们再看成熟度的一种变化：面部脂肪非常厚的时候，显得很年轻；当面部脂肪变薄了，感觉就变成熟了。还有上庭脑门很大的时候，看着就比较显小，脑门窄了就显得成熟一些。中庭也是一样，中庭比较长，看着就比较成熟，中庭缩短一点就年轻不少。

所以，有时候我想让别人觉得我年轻一点，就会把五官布局稍微修正下，让面部更饱满，去掉一些突出的骨骼的线条。

化妆的意义也在于此，如果你想要整个人显年轻稚嫩，就把中庭缩短一点；如果你想成熟稳重一点，就把鼻子拉长。还有如果你想显幼童化不要去把下巴弄尖，可以用暗影把下巴变短一点。

只有我们了解了头面部之后，才能有针对性地去化妆，而不是直接去化妆。利用不同的五官布局，传达给别人不同的感受。

 变美从来不靠长相

长相成熟的人和长相年轻的人其实各有优势。在职场中，最早升职的那批人一定是看着比较成熟干练的人。有时候，对于长相稚嫩的人，领导会觉得你不够沉稳，这时候就需要我们在展示力、能量场上面进行提升，显示自己稳重强势的一面。

● **亲和感：你是强势型还是亲切型**

在平时生活中，我们会发现有些人看起来很厉害，有些人则看起来很温柔。这其实是我们潜意识里的经验在大脑中起到的作用。五官集中，形状尖细的人，会让人觉得很厉害；五官分散，形状圆润的人，看起来就比较温和。当然，这只是别人的外表给我们的一种感受，不代表这个人的性格就是这样的。

● 显得温和的脸

• *PART 3*
正确照镜子,调控骨相+皮相中的变美元素

有些读者可能不是特别理解什么是五官的尖角圆角,我们来看一下这张图。有些人的五官会有一些尖角,显得比较精致,但是有一定攻击性。有的人五官圆角多,长相没那么精致,显得比较憨厚。但是这些细节并不具备决定作用,是可以通过化妆来调节的。

除了长相特点以外,一个人是厉害还是温和是由我们的情绪信号释放出来的。我们的情绪脑总会有一些攻击的属性或防御的属性,它会让面部表情记录这些。比如,嘴唇紧闭嘴角下压,经常皱眉,面中

● 五官尖角VS圆角对比

部不发力,眼神比较凶的人比较有攻击性,这都是情绪脑记录下来给其他人的信号,即你看这个人是有攻击性的,很不好惹的,不要去靠近。所以有人虽然长得比较亲和,但是长时间嘴唇紧闭,眼神很凶,也会释放这个信号。

大家永远要记得,能量场是走在容貌前面的,也就是说我们识别对方的情绪信号远高于去"扫描"对方到底长什么样子。如果你现在已经有不良的情绪信号"固化记录"在表情上了,

变美从来不靠长相

一定要好好通过面部练习去改良。

总结来说,显厉害的元素有哪些?具备雄性特质,面部线条不流畅,多棱角;五官上扬,形状细长,尖角多;眼神犀利,表情严肃,这些都是显厉害的特点。

显温和的元素有哪些?有雌性特质,面部线条流畅,很圆润,肉包骨;五官比较圆,略微横向分散;眼神有一些畏缩、表情松弛,这些都是显温和的特点。

我们平时在化妆时要注意的重点是,如果想显得厉害一点,就加重眼睛的轮廓,加重鼻子的坚挺度和嘴巴边缘尖锐的程度,这样化完以后看起来就非常不好惹,显得很有城府。如果想让自己显得特别天真,就把眼睛化得特别圆,鼻子也变圆,嘴巴微微张开。配合眉眼下垂的表情,一看就很可怜、很无辜。

所以,大家一定要明白,你首先要清楚自己想表达什么,要突出和强调哪个部分,然后再开始化妆修饰自己,这才是打造妆容最基础的部分。

• *PART 3*
正确照镜子,调控骨相+皮相中的变美元素

● 提取可用面部元素,你来定义你的脸

● 厉害长相如何调温柔

具体来讲一下如何表达面部特点,也就是说如何重点提取你想强调的部分。

大家看像上图这种不好惹的长相,其实挺精英的。我们看左图,她整个头骨上面看上去是窄的,通过发型打造让头骨颞部都变窄了,这样就是偏雄性的。然后颧骨是突出的,就会显得很精明、很厉害。

 变美从来不靠长相

她该怎么调整自己,让自己更温柔亲和一些呢?首先用蓬松的发型让整个头骨变圆,然后通过笑容让面中部缩短,于是整个脸部的线条变圆了。

这就是运用不同的表情、妆容调整自己长相的策略,大家可以举一反三,活学活用。

再比如右侧图片,如果想显得很可爱很甜美,就把眉毛画短粗、把五官画圆,让面部轮廓更圆润,这样看起来就非常可爱。如果想显得成熟一点,就利用发型把圆头骨切成侧分,让眉毛变长、眼睛变长、鼻子变尖,也就是刻意突出了成熟的一面。

只要掌握了这些改变自己的底层逻辑,在用发型和化妆改变自己的时候就能轻松调取重点,表达自己想要强调的部分,准确传达自己想传达给别人的感受。

● 如何通过发型和穿搭显成熟

PART 4

气质九宫格　助你突破变美上限

变美从来不靠长相

气质找对了　再谈美不美

● **形象无优劣，看你怎么发现你的美**

之前我们学习认识自己的身材，认识自己的头面部，都是在为本章归纳自己的气质打基础。

为什么要了解自己的气质属性？因为每一个姑娘都是对自己的形象有追求的，而了解自己的气质就是形象改变的重要基础。

我们来看一下气质之于形象的作用：

第一、一定要依据自己的气质来确定装扮风格。要想打扮得宜首先要避免雷区，找准自己的气质才能形象出众。

第二、这是我们个人品牌打造的基础。如果我们不基于自己的主战场（也就是主气质）来发挥魅力，就会失去一些有利的东西。不是一定不可以，只不过没有那么有利。整体气质和谐，不但能增强自己的辨识度，也会让整个人更有影响力。

第三、这是我们对个人潜能的挖掘。我们很多时候并不了解自己身材容貌的硬件特点，所以很多隐藏信息被人为压制住了，了解自己的气质后就会发现全新的自己。

第四、注意优势、劣势的规避与增补。我们要知道在自己的不同需求下要怎么强化和弱化气质。比如说有的人是美洲豹气质，在职场中这类人是很有优势的，但如果她们去赴约会，就会显得太有攻击性了，需要刻意弱化一下。

从以上四点来看，这就是为什么我们一定要了解自己的气质。只有找对主战场，才能充分发挥自己的魅力，同时根据不

同场合、不同需求，人为地强化和弱化气质。

● **好的气质，是美的"首因效应"**

那么，我们常说的气质到底是什么？其实，气质在科学上的定义是一种心理学特质，而我们通常所说的气质，是识别人的一种模棱两可的感受，是很难量化的东西。你会发现，咱们说高圆圆有气质，王菲有气质，刘雯有气质，但这三种气质完全不是一种体现形式，但是我们都会用气质来进行归类。

下面我来更细致地帮大家拆分一下气质到底是什么。

我们判断气质的前提，首先是你能把气质顺畅地展示出来，在显示出气质的基础上，才可能被归类。当一个人的气质尚未形成，或者模模糊糊展示不出来，就无法去谈她的气质，更不能把她的气质进行归类。

• *PART 4*
气质九宫格　助你突破变美上限

气质是我们这个人传递给别人的一种非常综合的感受，是传递给别人的影响力。气质越和谐越统一，给人的感受越强烈。

我们经常说外在和内在是分不开的，气质能综合体现出整个人的认知，即你是怎么看待自己的，你是如何表达自己的。这是一种很微妙、很复合的感受，绝对不是一个妆容、一套衣服就能决定的，没有那么简单。

有个很常见的穿搭误区就是，明明自己气场很弱，为了想变厉害，就穿一套很强势的套装。这种思维就是误区，这套衣服给这种状态下的人穿，并不会凸显出一种明显的气质来。

● 气质找对了，再谈美不美

气质既然是一种很综合的感受，为什么是打造形象的重要基础呢？

气质 变美从来不靠长相

比方说我们日常学了很多怎么显高显瘦，怎么显得可爱或显得优雅的办法，你会发现用这些办法套着去做，显高显瘦是符合的，显得可爱一点优雅一点也是能奏效的，但就是感觉不好看。可以这么说，目前我们很多的知识体系都有一种千篇一律的特点，但是，要知道，人人都是有不同的气质体现的。

有一些女孩气质冷艳，穿那种亮闪闪的、铆钉斗篷似的衣服就不好看。有一些女孩很可爱，穿那种性感风服装就不和谐。不好看这种感觉就是因为气质上发生了冲突，确实没显胖也没显矮，但就是气质不匹配。

不仅衣服，每一款发型也都有它本身的气质。有的安静一点，有的温柔一点，有的有一种文艺感。衣服即使不穿在人的身上，也有它自己的气质。也就是说只要能给我们感受的，都可以称之为气质。

比如有些人单看头发没有问题，挺灵动的，单看裙子颜色花纹也没有大问题，但是组合在一起，你就会觉得很冲突，没有一种很一致的审美感受。比如有的人穿很高的尖头高跟鞋显

• PART 4
气质九宫格　助你突破变美上限

得特别有女人味，但是却搭配一条太空棉的裙子。因为太空棉做童装比较多，所以很容易让我们联想到儿童装，这些元素综合在一起，就不知道她到底想要表达什么。

有的服装我们看起来就觉得挺大气，有的衣服看着很淑女，有的看起来就比较清新可爱。如果你站在衣服面前，只简单考虑想要大气就穿这件，想要名媛风就选这件，想要知性就选这件……那你到底是谁？

你是一个没有面孔没有气质没有特色没有自己辨识度的人吗？我们日常最大的误区就是，站在一件衣服面前就没有自我了，变成像白纸一样的衣服架子，觉得只要把衣服穿到自己身上就可以了。

其实，最重要的问题是我们要找回自己，知道衣服在自己身上起了什么作用。其实，就是气质和衣服匹配度的问题，二者一定要一致。

同样是豹纹，有些人穿着就很土气，怎么穿都不好看，但

有些人随便一搭都非常好看。因为有的人气质分型是美洲豹类型，豹纹就是它的皮毛，拿自己的东西用是最擅长的，在自己的战场中可以随意"拗"造型。

所以，日常穿衣服时不要总是去关注这件衣服衬不衬托我的肤色，有没有把我显瘦显高，这些东西不是整个传达中的重要基础。最重要的基础是气质符合——气质才是第一匹配原则。很多衣服穿上身显得不伦不类，就是气质违和。这就是气质在穿着打扮中重要性的体现。

● **让气质统一，才是变美的基础**

形象的重中之重就是，我们要让自己的气质是和谐的、平衡的，而非给自己的气质制造冲突。比如你明明长得很可爱，非要穿那种很强势、很成熟的职业套装；或者你明明气场特别强大，偏要穿俏皮可爱的衣服，这样就会出现感受上的矛盾冲突。

PART 4
气质九宫格 助你突破变美上限

打个比方，好比有些人是凤凰气质，精英感比较强，穿套装，发型收拢、眉毛上挑，就很符合自身的气质。如果想让自己显得温柔一些，可以通过发型和化妆的调整让自己的头部和眼部变圆一些，温和一些，而不是通过穿粉嫩可爱不符合自己气质的衣服来打扮自己。

也就是说，要么让气质很统一和谐，要么就通过一些装饰达到平衡，而不是强力扭曲成不符合自己的气质。如果扭曲气质，会让人一看就觉得哪里不对，给人别扭怪异的感觉。

气质与形象密切相关，是形象的重要基础，这就是为什么我们一定要知道自己是哪种类型的气质从而正确地打扮自己的原因。

拆一拆气质，
外貌也是沟通力的一部分

我们之前讲了"拆商"是很重要的，也一直在与大家一起分析怎么去拆解自己的长相和身材，看看自己给别人传递了怎样一种感受。现在，我们依然要用拆商来分析一下，我们传递给别人的气质是什么样子的。

就像我周围有的朋友，看起来确实很女神范儿，硬件条件特别好，但是一说话一有动作就打破了自己的女神形象。也就是说，气质不仅仅是外表，不仅仅是外貌层面的东西，它真的是一种很综合的感受，我们来拆一拆它到底是怎么体现的。

• *PART 4*
气质九宫格　助你突破变美上限

● 看外表时，我们究竟在识别什么

大家想一下，我们第一眼看到一个人，都在看什么？

咱们之前讲了先看对方是男相还是女相，也就是说首先是看这个人的身体和脸部线条是偏直线还是偏曲线。如果感觉一个人偏硬朗一点，就说明她具有一些男性特质；如果感觉偏柔美一点，就是因为她有一些女性的特质。

● 偏硬朗型身材

● 偏妩媚型身材

变美从来不靠长相

先来看身材,像第133页左图这种偏男性线条的身材给人的感觉就会硬朗一些,右图偏女性线条的身材会给人比较妩媚柔软的感觉。

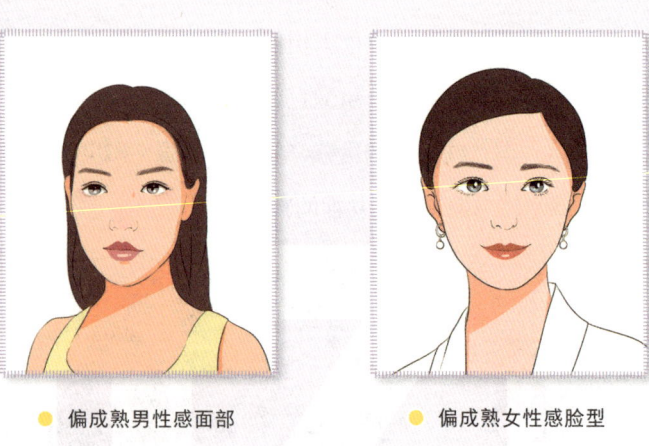

● 偏成熟男性感面部　　　　● 偏成熟女性感脸型

我们识别面部的时候也是这样,如上图两个人都是给人成熟的感觉,左图就给人偏男性化的感受,右图则给人偏女性化的感受。

• *PART 4*
气质九宫格　助你突破变美上限

● 给人稚嫩温柔感觉的面部

● 给人成熟厉害感觉的面部

还有，有人显得特别减龄，有人显得特别厉害。给人减龄感觉的人会让人觉得好欺负，给人成熟感觉的人就显得比较厉害。

● 偏成熟男性感面部

● 偏少年男性感面部

 变美从来不靠长相

我们还会看到,同样都是具有雄性特质的人,都挺偏男性化的,但有的人像个假小子,有的人就有一些成熟男性的特征。也就是说,同样是偏男性化,有的人显得成熟,有的人显得年轻。都偏女性化的人也一样,有的人显得成熟,有的人显得减龄。还有,同样具有减龄气质的人,有的显得比较好欺负,有的则看着比较机灵。

● 偏成熟女性感面部

● 偏少年女性感面部

● 温和的减龄气质

● 机灵的减龄气质

这就是咱们日常看人识别的一种感受。气质并不是一种统一维度的平面的东西，是复合多维的，需要我们更细致地去拆解分析。

● 拆一拆，气质的硬件和软件

上面我们分析了从外貌的硬件上看一个人传达给别人的感受，是有雄性特征还是雌性特征，是偏成熟还是偏减龄，是硬朗还是柔软，是厉害还是机灵等。这是我们从外表上第一眼看到、感知到的东西，那除了外貌我们还在看什么呢？

比如我们看一个人，她在瘦的时候有一股清冷感，挺有凤凰特质的，面部有一种疏离感。但是胖了以后就挺有喜感的，尤其是嘴巴微微张开时会有一点呆呆的感觉。所以说，面部表情也在塑造我们的气质。

再比如我们看一个人，硬件没有变化，外貌特征也没有变

 变美从来不靠长相

化,如果她的眼神变了,内在气质变了,你也会觉得她如同变了一个人。所以说,眼神也帮我们表达了气质里重要的一个部分。

再来看举止,有些坐姿会显得很安静、很温柔,有些坐姿则显得很豪迈、很霸气、很强硬。也就是说,一个人的姿态也会给人不同的气质感受。

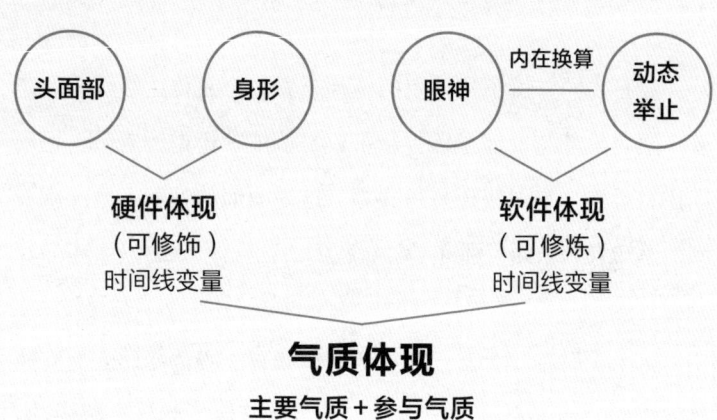

那么,气质最终拆解出来是什么?是我们的整体轮廓,我们的身形和头面部给人传递的感受,还包括我们的眼神和动态举止。

PART 4
气质九宫格　助你突破变美上限

　　头面部和身形是一种硬件体现，是可以修饰的，而且它在时间线上是一种变量。比如我们的身材会发生变化，可能有一段时间胖了，过段时间又瘦了。随着年龄增长，我们面部的线条因脂肪填充显得很圆满，到最后变成直线了。也就是说身形和面部不是恒定的，是在一个长的时间线上发生变化的。

　　此外，我们的姿态，走路的步伐，站起来的种种动作，都属于动态举止的一部分。眼神其实是我们内在神采的外现，是内在的一种能量换算。我们经常说外在和内在的关系，如果你内在是暗淡的、消极的，那么眼神不可能明亮的，是点不燃自己的气质的。把内在能量转化到外表上，就是软件的一种体现。

　　软件这部分是可以修炼的，我们可以修炼眼神，令其或柔和或犀利，或者任何你想要的样子。我们都知道，演员的硬件短时间内是不变的，不可能演一部剧整一次容，靠的就是眼神和动态举止的变化来构建角色。我们每一个人在生活中，在不同的场合下表达自己，其实就是挑战不同的角色，靠的就是调节自己的眼神和动态举止。

变美从来不靠长相

比如,在激烈的商务谈判中,你的眼神和在跟男友约会时的眼神、动态举止肯定完全不一样,谁也不可能把一种姿态带到生活中的每个场景去。我们之所以要修炼调控眼神,正是因为它是一个即刻的变量。当你把眼神点亮,你的软件即刻就会发生变化。

我们的硬件在长时间线上的变化,加上软件的弹性变化,如即刻可修炼的眼神和姿态,综合体现了自己的气质。

那么,气质体现里包括了什么?

我们每个人都有一种主要气质,就是大家一看你基本就会产生这样的感觉。只要你不特意强调,穿着和妆容上没有刻意去突出某部分,那大家对你的识别都是差不多的,都觉得你是这样气质的人,这就是你的主要气质。

参与气质就是你的总体气质里面携带着别的气质。比如有的人主气质是天鹅型气质,但是携带了一些凤凰的参与气质在里面。如果通过妆容和服装等强调了这一点,把脸变长一点,五官变细一些,眼神更清冷一点,就可以往凤凰气质上靠拢了。

> PART 4
> 气质九宫格 助你突破变美上限

也就是说，我们每个人都有一种主要气质，在你不刻意强调某些特质的时候，大家对你的感受就是这样的。当你强调自己的参与气质时，你就可能会往那个方向上靠拢。

主要气质加上参与气质，这就是我们最终气质的综合体现。

● 不同外貌特征＝不同心理感受

外貌显性总结：

雄性： 直线、骨感、硬朗、方头骨
雌性： 曲线、肉感、柔软、圆头骨
中性： 中直、中曲、骨肉适中、舒展

成熟： 量感大、发育成熟、成人头骨、成人布局
减龄： 量感小、发育不良、婴儿头骨、孩童布局
中间： 量感适中、布局适中

厉害： 上挑、细长、多棱角、尖角
好欺负： 下垂、圆肉、钝角、圆角
中间： 平、舒展、长圆

动： 表情生动、要求灵活、姿态轻快、步态活泼
静： 表情安静、眼球幅度小、姿态端庄、步态小
适中： 表情舒展、眼球、步态适中

变美从来不靠长相

最后我们来总结一下整个外貌显性的特点。

我们将之分为雄性特征、雌性性特征和中性特征。雄性主要的特征是头骨方一点，硬朗一些，直线骨感。雌性是圆头骨，身体有柔软感有肉感，曲线强一些。中性就是曲直都不过度，都是适中的。

我们还将之分为成熟、减龄和中间型。个子高又量感大的人，就显得成熟一点，个子娇小量感小的人，就显得减龄一些。

还有显得厉害和温和的区别。有些人显得厉害，是因为面部多棱角，五官尖角多。有些人显得很柔和，是因为脸部圆角多。

我们的动态举止也是分动静的。有的人眼睛很闪耀，有的人就比较平静；有的人眼睛很灵动，有的人就比较呆滞，显得木木的；有的人比较俏皮好动，有的人则比较优雅端庄；有的人走路脚步很碎，有的人就大步流星。这就是我们在动态举止方面传达给别人的一种感受。

• *PART 4*

气质九宫格　助你突破变美上限

找到你的变美主战场

现在，大家已经有一个基本概念，当我们出现在别人面前的时候，整体形象和动态举止（包括眼神）在未开口之前，就已经替我们传递了一定的气质了。

接下来，就进入了气质属性对照部分，我们可以对标一下自己到底属于哪种气质。

其实，我们即使不学气质九宫格，也会利用身材和面部的一些属性去打扮自己，那九宫格有什么意义？它其实是帮助大家更快地能记住你的气质里的特性。这就好比是一种记忆小胶囊，把前面那些不容易记住的各种各样的东西，归纳到一个更生动、更可爱的动物形象体中去，这样我们就很容易记住了。

气质，变美从来不靠长相

● 预热：气质九宫格对照前准备

在了解气质九宫格前，我们来做一下最基本的意识准备：

一、每个人都不是某种纯粹气质。每个人的气质都有所混合，纯粹的气质很少见，不要完全硬性对照。不要有一点不符合就觉得自己不是了，只要多数特征符合，即可确定它是我们的主气质。

二、性格是变量，判断时不要把性格加进来。我们整个外在是别人识别你的一种感受，而不是你的性格。要知道，我们的表达是有层次的，性格并不会全部外显到形象中，外表只要给人一种美的感受就好了。

三、保持客观分析，不要带入自己的偏好。比如有人说我喜欢凤凰型气质，我就觉得自己是凤凰类型；我喜欢兔子，就觉得自己挺可爱的。千万不要把个人偏好带入，这样会扭曲判断，看不到真实的自己。

四、先从整体上进行对照。比如说虽然你脸圆圆的，但是身高1.8米，就不大可能是兔子类型了。所以，我们对标气质类型要从整体到细节，先看整体感受，再看五官细节。

五、气质是在时间线内完成变化的。有些人年轻时可能是绵羊气质，肉肉的很可爱，随着时间变化，脸部胶原蛋白流失，中年后可能会变成天鹅气质。所以说，要认识到气质不是固定不变的。

● 洞察视觉识别优先级顺序

咱们判断一个人的时候，视觉识别顺序是先看人的身高线条，识别高还是矮，直线还是曲线，然后才看面部轮廓，什么脸型，直线还是曲线，面部流畅不流畅。最后看眼睛，在整个面部的细节中，眼睛是很重要的，是点亮我们神采的重要部分。

要记住，我们走到一个人面前的时候，首先传达给别人的是气质印象，然后才是五官细节，但这个优先识别顺序也不绝

变美从来不靠长相

对，因为有些人某些特点特别突出，但大部分人还是依照这个顺序规律的。

● **找到气质主场，锁定你的优势气质**

● 气质九宫格示意图

PART 4
气质九宫格　助你突破变美上限

这个图表分为三行，非常直观地体现了九种不同气质的分类。

第一行是成熟系的一类气质。成熟系气质包括美洲豹型、凤凰型和狐狸型，这种气质类型的人从十四五岁的时候看着就比别人成熟了。成熟系里面又分看起来比较雄性和比较雌性的，看起来偏雄性硬朗的就是美洲豹，凤凰型也偏雄性一些，也有比较丰满的有曲线的狐狸类型。

第二行是中间型气质。中间型气质包括天鹅型、羊驼型和猫型，这些类型的人在成长过程中长得和同龄人差不多，可能有的偏成熟一点，有的偏减龄一点，具备适中的一些特点。

第三行就是减龄系的气质。减龄型气质的人包括梅花鹿型、绵羊型和兔子型，她们从少年期就很显小，一直能持续到30岁左右。像梅花鹿型就显得挺假小子的，是少年雄性；像兔子就是少年雌性，怎么看都是女孩子。

这就是九宫格的大致分类，接下来我们开始一一对照，看看九种气质类型的人各有哪些不同的特点。

变美从来不靠长相

*第一类:美洲豹型——九宫格攻击气场之王

看到美洲豹,大家有什么感受,会觉得整个传递出一种坚毅的力量感。面部很开阔,五官上挑厉害,站在这里会觉得有一定的攻击性,量感比较大。

● 美洲豹

● 美洲豹型

美洲豹气质的女孩,本人的量感会放大,比如说身高1.6米,看着像1.7米,看着像一百多斤,其实只有八十多斤。而且美洲豹具有野性的力量,有一种雄性主导的原始性感,非常坚毅。美洲豹类型的女孩会给我们一种很坚韧、很独立的视觉感受。

判断标准	**美洲豹**：坚韧、攻击气质 **感受组合**：雄性+成熟+存在感强。 **视觉特点**：身材直线感强，骨架大，骨骼突出，量感大，存在感强。体脂率低，易练出肌肉。视觉上身高高于162厘米，视觉体重重于实际体重。
修炼方向	**性感源**：肌肉线条（力量感） **眼神**：坚毅、果敢、穿透力、侵占 **动态举止**：硬朗、大气豪迈，走路大步流星，雷厉风行感 **修炼心法**：坚毅果敢、斗志外显招式
禁忌	**硬件**：发胖、驼背 **软件**：畏缩、黯淡、扭捏 **穿搭**：清新、粉嫩、可爱装扮

判断标准首先是她们身上和面部的骨骼都是比较突出的，有一定硬朗的感觉。整个感受是雄性加成熟加厉害的，是这样一个基本感受组合。

视觉特点是身材的直线感比较强，骨骼大都较为突出，量感大，存在感很强。面部棱角较为突出，线条不是很流畅，看起来凌厉感比较强。

气质 变美从来不靠长相

这种气质的女性的修炼方向是突出力量感。性感源是肌肉线条，美洲豹类型的人至少要有一些肌肉线条，不然力量感很难发散出来。眼神坚毅果敢或有穿透力，这种眼神让美洲豹的力量整体加强。动态举止可以硬朗也可以大气豪迈，有雷厉风行的感觉。

修炼心法是坚韧果敢，斗志外显。美洲豹一定要有随时准备战斗、绝不言败的感觉，要往大脑中注入这种意识。什么是心法？就是你要默认这是我的底层代码，我应该是坚毅果敢的人，我应该斗志昂扬，点亮我的能量和神采。不是说你具备这些硬件，你就是美洲豹了。你要决定成为一只美洲豹，就要往这上面修炼。

禁忌是什么？美洲豹型的人硬件上的大忌是发胖。软件上则忌讳畏缩扭捏。小绵羊类型稍微扭捏一点还好，没有那么大的影响，但这对美洲豹类型的人影响是非常大的。

穿搭中忌讳清新可爱的装扮，避免产生强烈的不和谐感，下图的这种装扮完全覆盖了美洲豹的攻击性，气场非常不搭。

• *PART 4*
气质九宫格 助你突破变美上限

● 美洲豹气质素人改变前

● 美洲豹气质素人改变后

我来举一位学员的例子,这位姑娘是典型的美洲豹气质类型,但图左中,她散发出来的这种能量是完全不符合美洲豹的。后来我帮她找对了定位,巩固了自我认知,随便穿一穿就很美,气质就很符合美洲豹。从中你能看到找对自己的定位有多么重要,只有找对自己的气质,才能充分散发出属于自己的美。

变美从来不靠长相

第二类：凤凰型——有距离感的清冷女神

凤凰是神话里的一种动物，你会觉得它离普通人很遥远，距离感很强。凤凰气质类型的人，最关键的一点就在于能否活出那种让人一眼就能识别出来的清冷感觉。符合凤凰特质的人不在少数，但是能活出凤凰气质的人却是极少数。

● 凤凰

凤凰是一种高冷禁欲中性偏雄性主导的气质，给人一种很冷淡很淡漠的感觉，性冷淡风指的就是凤凰型。当凤凰类型的人一笑，你会觉得这个世界都被点亮了，令人产生从高冷到温暖的一种极强的反差。

● 凤凰型

凤凰型代表人物有王菲，林青霞和杜鹃，她们身上都有那种清冷淡漠、不关心世事的气质。

• *PART 4*
气质九宫格 助你突破变美上限

判断标准	**凤凰**：清冷，精英气质 **感受组合**：中性偏雄性＋成熟＋厉害 **视觉特点**：身材直线感强，骨头附着较薄，显瘦。骨架偏大或适中，有修长感。量感适中或偏大，视觉上身高高于160厘米。 面部骨感强，多矩形脸，颧骨多平缓，或颧弓明显，脂肪覆盖较薄，五官细长有尖角，承认面部布局。 **关键词**：直线、五官疏离、骨肉薄。
修炼方向	**性感源**：后背线条 **眼神**：淡漠疏离、高冷、专注 **动态举止**：步伐开阔、动作舒缓、稳重优雅 **修炼心法**：不受评价支配，旁若无人
禁忌	**硬件**：发胖、驼背 **软件**：畏缩、合群调整 **穿搭**：粉嫩、可爱、上下暴露、花哨、大量金属感

判断标准是凤凰型的人具有精英派的清冷气质，组合给人的感受是中性偏雄性，显得成熟且厉害。

视觉特点是什么？视觉特点是身材直线感强，骨肉附着比较薄，显瘦。骨架偏大或适中，有修长感，显高。整个面部骨

感强,多矩形脸。颧骨多平缓或颧弓明显,脂肪覆盖较薄。五官细长有尖角,疏离清淡。

修炼方向是什么?凤凰类型的人后背的线条感很重要,若是虎背熊腰的话很难活出凤凰的美感。眼神要淡漠疏离或者高冷专注,总之就是旁若无人,让人感觉这个人好像不关心外界的评价。动态举止或舒缓或稳重,一定不能是很多动的,如果表情特别夸张眉飞色舞,就是对气质的削弱。

修炼心法是旁若无人,不受评价支配。我们经常说谁谁什么都不关心,不在意别人,凤凰类型的人尤其应该这样,否则就没有凤凰的感觉。凤凰要的就是不受世俗支配的感觉,看别人看镜头的时候没有讨好感和交互感,才具有凤凰的终极美感。

禁忌是什么?凤凰型的人硬件禁忌是发胖和驼背,软件禁忌是畏缩,眉眼耷拉,表情拧巴,摆出一副怯懦的姿态。

穿搭上忌讳粉嫩可爱,太暴露,太花哨以及大量的金属感,这些都是外显性的,而凤凰是不主动的,是一种很被动的高冷

• PART 4
气质九宫格 助你突破变美上限

气质。适合禁欲系的衣服，比如高领的衣服，西装风衣之类的衣服也很适合。

● 凤凰型女性改变前

● 凤凰型女性改变后

我们来看一下素人凤凰的照片。凤凰气质类型的人硬件上五官是比较疏离的，直线感和骨感都很强。比较显高，1.65米的身高看起来可能像1.7米。但是，如果表情出现讨好感，穿上糖果色的衣服想要表现得很少女，就完全看不出来是凤凰气质了。

变美从来不靠长相

＊第三类：狐狸型——浪漫妩媚动人，女人味足

狐狸气质类型的人有一种浪漫妩媚的特质，女人味很足，是雌性主导的那种明艳感，非常亮丽，有"万人迷"那种极惊艳的感觉，给人很丰腴的感受。

● 狐狸

● 狐狸型

狐狸类型的女性常给人一种御姐范儿，有很强的大局操控感，可以通过自己的事业心来达到目的。所以狐狸类型的人要更强地表现自己的事业心，而不要把精力都放在展现外表妩媚这件事上。

• PART 4
气质九宫格 助你突破变美上限

判断标准	狐狸：明艳、妩媚、御姐气质 感受组合：雌性＋厉害＋成熟 视觉特点：身材曲线感强，丰满圆润，骨架较宽或适中。肉包骨，看起来柔软。量感大，易显高显胖。 关键词：曲线、丰腴、眼睛勾角
修炼方向	性感源：曲线感 眼神：温热、妩媚，野心勃勃 动态举止：女性感强，女人味十足，举止柔和婀娜，落落大方 心法：野心外露，柔中带刚
禁忌	硬件：赘肉，肩颈位置发胖 软件：笨拙、胆小、欲求外露 穿搭：街头风，廉价感，可爱小清新，民俗联想的衣服

判断标准是什么？狐狸型的人总体来说气质明艳妩媚，女性感比较强。整个组合感受是雌性加厉害感，再加一些成熟感。身材量感大，骨架大或适中，易显高显胖。曲线感很强，丰满圆润，看起来比较柔软。面部肉感强，脸型多为心形脸或是上宽下窄的脸型。五官精致，有勾角，线条圆润，是很雌性的骨相和皮相。

修炼方向是强调曲线感，这也是狐狸型的性感源。穿旗袍或者一

些复古的衣服看起来就非常性感。眼神可以是妩媚的或者野心勃勃的，举手投足间柔软婀娜或者落落大方，充分展示女性柔美的特质。

修炼心法是野心外漏。狐狸本身最具备的那种妩媚感，可以用更自信更独立的感觉表达出来，柔中带刚，而不是仅仅展现外貌上的性感妩媚。

禁忌是什么呢？狐狸类型的人忌讳有赘肉。可以丰满丰腴，有肉包骨的感觉，但如果肉是下坠的，有堆积感的累赘感，就会完全抹掉狐狸的精致感。肩颈的位置尤其不能发胖，这个位置有赘肉是会让狐狸显俗气。软件上狐狸忌讳笨拙胆小，还有就是忌讳艳俗感。

狐狸型的人在穿搭上要忌讳街头风，比如穿那种破洞牛仔类的衣服就不是很好看。廉价感、可爱小清新、民俗风的衣服，狐狸型的人穿上都不好看，会显得不高级。

像范冰冰就是狐狸型的代表人物，本身女人味很强，如果她再往身上加很多女性化元素，妩媚感展示得过多，就会有过犹不及的感觉。但是她穿那种很明艳的、线条感强的衣服就非常好看。

• PART 4
气质九宫格 助你突破变美上限

＊第四类：天鹅型——优雅知性的淑女名媛

我们再来看天鹅型女性，天鹅型是整个亚洲女性中最多的，占比在60%以上，十个人里面有六个是天鹅。因为天鹅的基因很有利于留存下来，是一种很平衡的美。

● 天鹅

天鹅和普通的鹅最大的区别是什么？天鹅有一种非常优雅的姿态。怎么才能在天鹅中脱颖而出，一定因为是你的体态优雅，你的表情管理到位，给人一种知性感。

● 天鹅型

天鹅类型的人有一种知性优雅的名媛特质，是中性主导的一种知性的性感。是一种比较中间的状态，不偏雌也不偏雄。所以感觉就要刚刚好，符合一种平衡之美。

159

判断标准	天鹅：知性、优雅气质 感受组合：中间+弱偏离 视觉特点：身材线条中间或中间偏直线或中间偏曲线，骨架适中，脂肪附着均匀，量感适中，视觉上身高体重与实际差不多。五官对面部填充刚好。 面部皮肉附着均匀，脸型多样，脸不过长也不过短，整体分布均匀，五官大而开阔，基本符合三庭五眼，五官线条平直，尖圆结合，无突出骨骼也无过度肉感。 关键词：中式、中间、不过
修炼方向	性感源：姿态、肩颈 眼神：平和、温婉 动态举止：端庄知性、动作舒缓、优雅 修炼心法：平和包容、控局意志
禁忌	硬件：头前倾、体态差、后背肥大 软件：表情拧巴、紧凑、攻击性 穿搭：过于粉嫩减龄、过于攻击气场强势、浓妆、金属感

判断标准是什么？首先，天鹅具有一种知性优雅的气质，整个感受组合是中间加弱偏离。什么是弱偏离，就是微微的偏一点雌性或者微微的偏一点雄性，偏一点厉害或者偏一点温柔。是一种正向的偏离，有一种很中间的感觉。

视觉特点是身材线条中间偏直,骨架适中,脂肪附着比较均匀,量感适中。看起来的身高体重和实际上差不多,五官对面部的填充度刚刚好。这个就是天鹅型女性给人的整体感受。从面部来看,骨肉均匀,脸型多样,脸不长也不过短。整体分布均匀,五官开阔,基本符合三庭五眼。脸部比较平坦,五官形状尖圆组合,没有突出的骨骼,也没有突出的肉感。

修炼方向:修炼的方向是注意姿态感。天鹅的性感源是姿态,对天鹅来说,姿态的优雅感很重要,一定要注意肩颈的线条感,天鹅美就美在脖颈位置。眼神平和或者温婉,避免那种很凶狠的感觉。动态举止要端庄知性、舒展优雅。

修炼心法是:平和、包容、控局意识。天鹅其实是我们一直崇尚的中国女性的典范,上得了厅堂,下得了厨房。给人的感受是有一种控局意志。

禁忌是什么?天鹅型的女性硬件上忌讳头前倾,软件上忌讳表情拘谨。一旦表情拧巴就会体现出很强的攻击性,会折损天鹅平静高贵的气质。

变美从来不靠长相

穿搭中不要过于暴露,不要使用过于粉嫩的颜色,也不要化太强势的浓妆,金属感的饰品也不适合天鹅型女性。天鹅型是一种偏中式保守的气质,讲究稳重优雅。

我们来看一张天鹅型素人的照片,如下面左图是这位学员没找到自己的准确气质前,右图是确定了自己的天鹅型气质

● 天鹅型女性改变前

● 天鹅型女性改变后

后。我们看,她在找准自己的气质定位后,知性高贵的范儿就出来了,非常适宜。

天鹅的总体感觉,是端庄优雅,有一股名媛范儿,没什么冷艳感,相对也比较亲和,但是她们给你一定的阶级感。你会觉得她们养尊处优,这就是美好的天鹅型女性的修炼方向。

变美从来不靠长相

*第五类：猫型——自在性感混合气质的女性

接下来是猫型女性，猫是一种什么气质呢？我们会发现天鹅就黑的、白的两种，而猫却有很多种。因为猫是一种混合型的动物，它能捕猎又能卖萌，量感很小，很可爱，又养不熟，无论怎样它都很难被讨好。

● 猫

● 猫型

猫型的女性就有一种这样的感觉，她们的特质很多，每一只猫都有自己的气质。天鹅和天鹅长得还挺像的，会有相似感，但是每一只猫都与众不同。

这种慵懒、自由混合野性的特质，是中性偏雌性主导的一种自由的性感。猫型人一定会给人一种自由不受拘束的感觉,所以容易给人一种管不了的散漫感。在职场中,猫型人需要调动利用自己混合气质里比较强势的部分来展示自己。

猫型的代表有谁?明星中倪妮和杨颖都是猫型气质的代表,是比较符合现代审美的。

判断标准	**猫**:自由、慵懒、野性、混合气质 **感受组合**:中性偏雌性主导 **视觉特点**:骨架中等或偏小,没有过强的骨感或者肉感,骨肉均匀,很适度的感觉。视觉上柔韧度高,很舒展。 面部可能小脸、大五官也可能眼距比较开,下巴较短,符合现代审美。 **关键词**:现代审美,混合气质,和谐。
修炼方向	**性感源**:生动直白,热情积极 **眼神**:慵懒、精灵 **动态举止**:丰富生动、不受拘束 **修炼心法**:自由自我自在感
禁忌	**硬件**:僵硬感 **软件**:畏缩、不自信 **穿搭**:大气、太可爱,太男性化、太女性化

气质 变美从来不靠长相

判断标准是什么？猫型女性具有一种自由多变的气质，是很有穿搭和造型优势的一种气质。中间加一些弱偏离，混合多种气质后形成的一种很美的特质。

视觉特点是骨架中等或者偏小，视觉识别不超过1.7米。没有过强的骨感或者肉感，骨肉比较均匀，给人一种适度的感觉。视觉上柔韧度比较高，也就是说猫型女性看起来舒展度很高。面部比例比较符合现代审美，可能是小脸、大五官，也可能是眼距比较开，或者下巴比较短。你会发现，猫型人身上有很多特质，是一种小豹子、小狐狸、小凤凰和兔子互相混合出来的特质。很多人35岁后会失去猫的特质，因为变稳重了，可能会往天鹅型靠拢，也可能会往凤凰型靠拢。

猫型女性的关键词是符合现代审美，具有比较混合的气质，但是混合后是非常和谐的。

猫型女性的性感源于生动直白。猫型人一定要有一种爱谁谁不受拘束的感觉，眼神或散漫慵懒或精灵有神或热情积极，动态举止要生动丰富。猫型人如果缺乏生动感，就没有猫的特色了。另外，还要有平视镜头的自信感。

修炼心法是猫型人必须要有一种很自我的感觉，要很享受自己的长相、自己的特质。

猫型人最忌讳僵硬感。硬件方面如果整个人看起来身体很僵硬，就会折损猫的气质。软件方面忌讳畏缩、胆怯，不自信会折损猫型女性任性骄傲的气质。

穿搭方面，猫型气质虽然驾驭范围非常广，但是忌讳穿一些特别大气的服装或者运用极可爱的元素，不要过于男性化或过于女性化。可以温婉、也可以街头范儿，还可以有一些干练感，但是都不能太过度。

气质 变美从来不靠长相

● 猫型女性改变前

● 猫型女性改变后

我们来看一个猫型气质的素人。只看左图的话，你可能不会觉得她像猫型人，但是她换个眼神，眉毛上扬或者下垂，整体变化程度就非常高。所以猫型女性的优势是具有百变能力，能驾驭各种气质各种风格，变化能力超强。

*第六类：梅花鹿型——灵动爽朗的少年感假小子

我们再来看梅花鹿类型，梅花鹿具有什么特质？你会感觉它很大胆，什么都不怕，有种机灵感。所以梅花鹿型的女性有一种很前卫、很灵动的感觉。梅花鹿型对自身的灵动感和前卫感要求比较高，不能过于呆滞，过于不自信，那样就不够灵活了。

● 梅花鹿

● 梅花鹿型

● 梅花鹿型素人

梅花鹿是由雄性主导的很前卫的那种性感，爽朗灵动的特质给人一种大胆的感受，有很生猛的假小子的感觉，还没有达到成年雄性的稳重感。

梅花鹿是九宫格里最少的一种类型，也是最能把衣服穿出前卫感觉的类型，能驾驭住很繁复的设计。

判断标准	**梅花鹿：** 灵动，前卫气质 **感受组合：** 减龄＋中间、好欺负＋雄性 **视觉特点：** 骨架适中或较小，多纸片身材，有种未发育良好的少年感；直线感强，显高显瘦；无圆润感；即使有胸有臀，也不易被发现 **关键词：** 少年感，视觉纸片人
修炼方向	**性感源：** 自信度、机灵感 **眼神：** 空灵、伶俐、热情、邪魅 **动态举止：** 举止轻、伶俐 **心法：** 倔强、大胆、创造
禁忌	**硬件：** 发胖、肌肉块 **软件：** 木讷、畏缩、扭捏 **穿搭：** 忌浓妆、极大气、华丽衣服

判断标准是梅花鹿型的女性给人一种灵动前卫的感觉，整个组合感受是减龄中间型，可以雌性一点也可以偏雄性一点。

视觉特点是骨架适中或较小，多纸片人身材，有种没发育好的少年感，直线感很强。视觉上比较显瘦，没有圆润感，即使有胸也不容易被发现。从面部骨骼上来看，线条比较薄，外部轮廓较流畅。脸上有满满的胶原蛋白感，但不是堆积的肉感。面部比较平，很少有立体的起伏，五官线条较直线，多为薄眼皮，眼型细长。

30岁以后，随着年龄的增长，阅历的增加，这类女性会慢慢会失去梅花鹿的特质，往别的类型上靠拢。

修炼方向是自信度和机灵感。梅花鹿型的性感源就是灵动，有一种邪魅的、坏坏的感觉。眼神空灵或热情，动态举止轻快伶俐。关键词是少年感加纸片人，一定要符合这个标准才是梅花鹿型。梅花鹿是比较严苛的一个气质标准，生活中也是非常少见的。

气质 变美从来不靠长相

修炼心法是大胆创造，灵动倔强，梅花鹿型的人看起来会有一种创造感。

禁忌硬件方面是忌讳发胖和有肌肉块，假小子是要很匀称的，要有那种未发育好的少年感。软件上忌讳木讷、呆愣、畏缩，会损失大胆前卫的感觉。

穿搭上忌讳浓妆，也不适合穿大气和很华丽、很女性化的衣服，这些都不适合梅花鹿型女性。

• PART 4
气质九宫格　助你突破变美上限

*第七类：绵羊型——清纯恬静的明亮感少女

再来看绵羊型气质，绵羊型的人拥有一种清纯恬静的特质，是中性主导的一种简洁的性感。看起来很温暖很明亮，有一种很想保护她的感觉。我们看像明星中的乔欣和奶茶妹妹，都给我们一种很清纯明亮的感觉。

● 绵羊

● 绵羊型

● 绵羊型素人

判断标准	绵羊：清纯、简洁气质 感受组合：减龄＋中间＋弱偏离 视觉特点：骨架中等或偏小，线条介于直线和曲线之间；无突出骨感，视觉上比实际体重要瘦。 面部线条流畅，五官较平缓，面部没有突出的优势，面部留白多，辨识度不高，不容易被记住长相，清淡但耐看。 绵羊的五官搭配较和谐，整体散发着清纯度。约30岁失去绵阳特质。 关键词：面部平缓，线条流畅，无主力优势。
修炼方向	性感源：清透的皮肤 眼神：眼神无辜、温和、透明；与人目光交汇时眼神较闪躲羞涩，给人一种内敛秀气的感觉。 动态举止：动作幅度较小，内敛安静感。 心法：坦诚、信赖
禁忌	硬件：皮肤差 软件：风风火火、热情外现、邋遢 穿搭：忌浓妆、极大气服装、极可爱服装

判断标准就是，绵羊型的人有一种清纯简洁的气质。整体感受是减龄中加一些弱偏离，可能偏雄性一点或偏雌性一点，偏单纯一点或偏厉害一点。

• PART 4
气质九宫格　助你突破变美上限

　　视觉特点是骨架中等或偏小，线条介于直线和曲线之间，没有突出的骨感，也没有突出的肉感，视觉上比较显瘦。面部线条流畅，五官平缓，留白较多，五官较小，整体辨识度不高，但是非常耐看。五官搭配较和谐，整体散发着明媚清纯感。

　　修炼方向和性感源就是清透的皮肤。绵羊要给人清纯感，皮肤应该是透亮的，眼神应该是无辜温暖的。与人目光相会时给人一种内敛秀气的感觉，一定要是坦诚的，会让人特别想保护她。动作举止幅度比较小，有一种安静感，不是那种很活泼的感觉。

　　修炼心法是坦诚信赖。绵羊一定要很坦诚、很信赖这个世界，才能有把自己交付出去，能被人保护的感觉。否则气场就会很弱，就会有那种畏缩的感觉。

　　禁忌是硬件方面忌讳皮肤差。美洲豹型的人和凤凰型的人皮肤差一点可能没那么大影响，但是绵羊型的人皮肤差就有很大的影响。还有一点忌讳是邋遢，如果看起来很邋遢，皮肤也不好，整个体态也不好，就会失去绵羊那种清纯明亮的感觉。动态举止上注意不要太热情，不要给人风风火火的感觉。

穿搭上忌讳很大气和很可爱的衣服，还有不适合浓妆，要保持一种素雅的清淡感。

*第八类：兔子型——甜美俏皮骄纵感的女孩

再来看兔子气质类型，兔子型的人有一种可爱甜美的特质，是一种由雌性主导的甜美俏皮的性感。给人的感觉就是很可爱很娇俏，比较活泼，或者有一些呆萌感。她们的脸通常是

● 兔子

圆圆的、肉肉的，身材上没有很强、很突出的骨感，锁骨基本不会露出来。兔子型的人注意不要特别瘦，如果非常干瘦的话就会失去那种骄纵感。

● 兔子型

• PART 4
气质九宫格　助你突破变美上限

判断标准	**兔子**：甜美、俏皮气质 **感受组合**：减龄＋雌性＋俏皮感 **视觉特点**：骨架中等或者偏小，线条圆润，肉包骨，视觉身高不超过1米68。脸型多为圆脸椭圆脸，没有明显的骨感。眼距比较开，线条柔和，额头圆润，下巴较短。 **关键词**：肉包骨、柔和感。
修炼方向	**性感源**：笑容甜美、性格活泼 **眼神**：快乐单纯，清澈无辜，机灵感 **心法**：无忧无虑、自我袒露
禁忌	**硬件**：干瘦、有赘肉 **软件**：苦大仇深、忧虑 **穿搭**：适合学院感，不适合硬朗大气和女人味浓的衣服

判断标准是兔子有一种甜美骄纵的气质，感受组合是减龄加雌性加单纯感，比较呆萌或者比较机灵。像欧阳娜娜就是兔子类型中比较好看的，有兔子那种骄纵感。兔子型的人异性缘非常好，能通过这种骄纵感得到很多东西。

视觉特点是骨架中等或者偏小，线条圆润，肉包骨，没有明显的骨感，视觉身高不超过1.68米。脸型多为圆脸和椭圆

变美从来不靠长相

● 兔子型女性改变前

● 兔子型女性改变后

脸,没有明显的骨感。面部线条柔和,额头圆润,眼距比较开,下巴较短。面部皮肉一体,没有明显的断层。

修炼方向是注意笑容和眼神。兔子的笑容是非常好看的,笑起来有很明亮、很骄纵的感觉。眼神快乐单纯又很清澈无辜,但是有一定的机灵感,动态举止轻快活泼。

• PART 4
气质九宫格　助你突破变美上限

修炼心法就是无忧无虑。兔子不能有很多苦大仇深的情绪在身上，否则就会失去轻快感。然后是自我坦露，就是想要什么就说出来，不要太内化自己，封闭会让兔子失去美感。

禁忌硬件方面，太过干瘦和有赘肉，软件方面忌讳一副忧思很深的样子，这些都会让兔子失去骄纵感，失去被人保护的感觉。

穿搭方面，比较适合学院感的衣服，不适合硬朗大气、太过锐利的衣服和女人味很浓的衣服。

变美从来不靠长相

*第九类：羊驼型——混合冲突的矛盾气质

再来看最后一种羊驼类型，它跟猫一样都具有混合的特质。

羊驼型气质的人是一种比较难被归类的长相，具有一种冲突气质，这种气质组合中添加了很多冲突感。也就是说，它给我们的视觉感很矛盾，你会觉得她个头很小，但她实际很大；你看她头像一个羊，但是整体又像个骆驼。

● 羊驼

● 羊驼型

并不是说羊驼型的人丑，只不过是一种视觉当中比较难以归类的类型。比如，我们一看高圆圆你就觉得可以归类为优雅型，一看赵丽颖你可以归类为可爱型，而羊驼类型的女孩就比较难归类。这种类型的人脸上有一定的俏皮感，身体又有一种肉肉的感觉，肩膀特别宽，骨架很大，胸又特别的大；或者是娃娃头，身上却有肌肉线条。总之比较难去归类。

判断标准	**羊驼**：矛盾明显气质 **感受组合**：雌性+雄性+好欺负脸+厉害脸+冲突 **视觉特点**：五官和身材对角冲突。线条、五官明显的厉害和好欺负元素冲突。硬件和眼神、动态举止的明显冲突。后天羊驼较多，发胖的凤凰美洲豹，驼背姿态不好的天鹅、皮肤状态不好的绵羊、压制特性的梅花鹿、苦大仇深的兔子。 **关键词**：他人视觉中无法处理的矛盾
修炼方向	需要调和各种维和因素，向其他气质靠拢。 **心法**：自我审视，调和矛盾
禁忌	**硬件**：干瘦、有赘肉 **软件**：苦大仇深、忧虑 **穿搭**：适合学院感，不适合硬朗大气和女人味浓的衣服

判断标准是一种矛盾明显的气质，有一种很容易识别的矛盾感。

变美从来不靠长相

视觉特点是这个类型的人整个五官和身材成对角冲突,什么是对角冲突?比如说美洲豹型的头部搭配兔子型的身材,或者是美洲豹型的身材搭配兔子型的头部;又或者是狐狸型的头部搭配着梅花鹿型的身材,抑或梅花鹿型的身材配上狐狸型的头部。总之出现了一种错位的感受,有一些明显的气质冲突。

先天的羊驼并不多,更多的时候是后天的因素覆盖了本来的气质。比如说发胖的美洲豹型就很像羊驼型,因为身上肉太多了,骨架感又比较强,凌厉感很重,于是整体冲突感很重。所以,发胖的凤凰型人和美洲豹型人,驼背姿态不好的天鹅型人和皮肤状态不好的绵羊型人,还有一些压抑住特性的梅花鹿型人,苦大仇深的兔子型人都会给人无法归类的感觉,这些人都可以称为羊驼型。

修炼方向关键词是解决这种无法被别人识别的矛盾。后天的羊驼型是可以调整修正的,整个修炼方向是调节违和元素,往其他气质上靠拢,因为人很讨厌无法被归类的感受。

修炼心法就是要客观自我审视,然后去调和一些矛盾。

发现"真"气质，规避认知误区

我们现在来分析一下一些容易混淆的气质。有很多读者会分不清这几种气质类型的差别，现在，我就来具体讲一下应该怎么区分。

● **气质分野难辨：界限不明**

绵羊型和天鹅型

绵羊型和天鹅型是最容易混淆的两种类型。

变美从来不靠长相

● 绵羊型 VS 天鹅型对比

这两种气质类型，从根本上来说代表两种成熟度。你会发现天鹅型是成熟于绵羊型的，哪怕绵羊穿成很职业的样子，我们依然会觉得她挺显小，因为其面部很流畅，五官偏圆，没有骨感。而天鹅的面部骨肉是适中的，是有一些骨骼感在的。

这就是很明显的区别，为什么说骨肉很重要，因为我们就是通过骨骼和肉感去识别雌雄感并识别成熟度的。

我们来看一下素人里的绵羊型和天鹅型，第185页图片里的两个人其实是同一个人，后者只是稍加打扮了一下。第一张是强调成绵羊型，有一种温暖清纯的感觉，第二张强调成天鹅型，就有一种更优雅知性的感觉。

• PART 4
气质九宫格 助你突破变美上限

● 素人绵羊型和天鹅型对比

*美洲豹型和凤凰型

再来看一下另外一对界限不明确的类型，就是美洲豹型和凤凰型。

如果骨架更大，有一些块状肌肉，更具备攻击感，就是偏美洲豹型。很多人其实是具备了一定的美洲豹特质，也具备了一定

● 美洲豹类型素人

变美从来不靠长相

的凤凰特质,就看眼神和动态往哪个方向修炼。把身材练得更健美一点,气场更坚毅一些,就会往美洲豹型上偏;如果更清瘦,有一些疏离感,就会往凤凰型上偏。这个界限不是特别明朗的。

比如说王菲和Maggie Q,如果王菲的眼神更有攻击性一点,身上的肌肉线条练得更好一些,也会往美洲豹型上靠拢。因为她俩最大的差别是薄薄的肉还是有力量感的肌肉,是清冷感还是有攻击性。假如Maggie Q把她的眼神变清冷一点,面部骨骼的线条感弱化一点,背变得清瘦一点,也会往凤凰上靠拢。所以说,这两个类型界限不是特别明晰,具备这些特质的女性是可以往这两种气质上进行修炼的。

但如果长了特别突出的某种气质类型的属性,比如说骨骼已经很明显了,就很难往凤凰上靠拢,因为特点太纯粹了。美洲豹型的人脸上有一些骨骼支撑出来的棱角感,无法通过调整面部肌肉的线条变成凤凰的平缓感。

我们可以来看一下我的学员小七,她就是一种很典型美洲豹型长相，面部的骨骼感支撑出了她那种厉害的雄性感，有一种很凌厉的攻击性。

也就是说，如果你的长相是先天的美洲豹型，就比较难往凤凰型上去靠拢。如果你的气质介于中间，可以选择一个方向去修炼。

● 气质截然不同：差异明显

*猫型和天鹅型

再来看一下气质差别明显的类型是什么？猫型和天鹅型这两个气质类型的差别是特别明显的。

天鹅给人的感受是一种平衡之美，三庭五眼非常平均，五官刚好填充面部，长相和感觉都有一些类似。但是不同的猫型人长得就不一样，有一些非标准的特质。要么小脸大五官，要么眼距有点开，要么下巴有点短，是具备张扬感的那种现代美感。

变美从来不靠长相

● 猫型VS天鹅型对比

总体来说,天鹅型的人有种更大气、更有气场的感觉,猫型的人则有一种灵动自由不被讨好的感觉。

*猫型和狐狸型

● 猫型VS狐狸型对比

我们再来看一对差别明显的类型。猫型和狐狸型。

• PART 4
气质九宫格　助你突破变美上限

很多人觉得猫型和狐狸型难以分清楚。要知道,猫型其实是狐狸型的变种,并没有达到狐狸型的那种雌性成熟度和妩媚度。相对来说,猫型让人感觉更野性自由,难以驯服。狐狸型给人的感觉则是成熟妩媚,野心外露,女人味非常浓。

所以,猫型人和狐狸型人的差别还是挺明显的。

● **动静差别明显:静若处子,动若脱兔**

***梅花鹿型和绵羊型**

● 梅花鹿型VS绵羊型对比

变美从来不靠长相

梅花鹿型和绵羊型也有很多人容易混淆，其实这两个气质类型的差别非常明显。

梅花鹿型的人整个线条都是比较直的，然后眼皮又薄又细长，绵羊型的人就会偏圆一点，轮廓和五官有一种平淡感。

比如我们看周冬雨和和陈都灵，一个是假小子的感觉，一个是清纯少女的感觉，好像一个少男一个少女。周冬雨看起来有一种动感，你不会觉得她特别安静，但是陈都灵你会觉得她很安静，有种宁静之美。

PART 5

多维气质，不同场合不同的美

 变美从来不靠长相

当你找到你自己,才能找到你的美

● **气质是"未来词"**

很多读者在看完气质九宫格这一部分内容后,还是找不到自己的气质,觉得这个也不像我那个也不像我,现在我们来看一下找不到自己气质的原因是什么。

我们一定要知道气质九宫格是个"未来词",如果你现在还没有气质或气质很弱,大家对你是没有评价的。你还处于一种很封闭的状态,气质没有显露出来,自然无法被归类。

所以,气质九宫格是个"未来词",在你活出自己的气质以后,才能对气质属性进行归类。我们的气质分类也是在这时,帮你确定到底该偏向哪个气质。

• PART 5
多维气质,不同场合不同的美

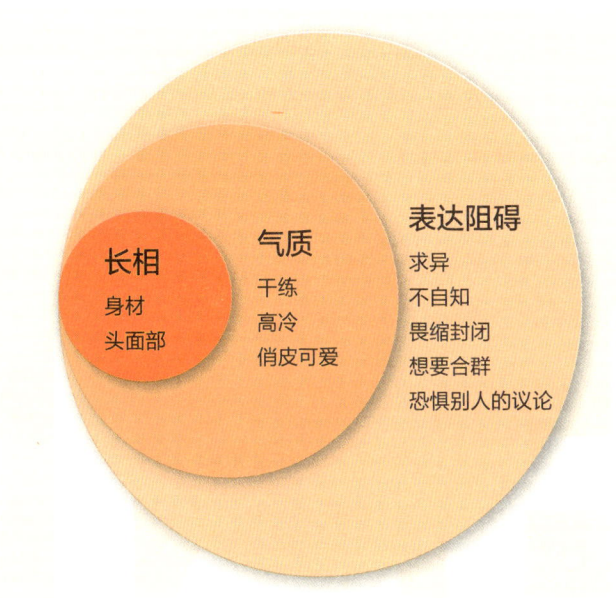

我们的长相是确定的,虽然随着时间的变化,线条也会发生变化,这一定程度上是确定的。我们的身材和头面部散发出一种气质,或干练高冷或俏皮可爱,也就是说,在我们的长相不出意外的情况下,气质是固定的。

但是,为什么有些人现在还没有散发出自己的气质呢,是因为很多人在整个外层给自己设置了表达阻碍,比如不自知也就是对自己了解不够。有些人长相没有问题,也没有类原始状

气质 变美从来不靠长相

态,但是却散发着一种土气。这种土气是怎么散发出来的呢,其实就是浑身散发着一种不自知的状态,也就是说你还没看到你真实的气质是什么样子。

之所以要学习客观地了解自己,其实就是让你慢慢了解自己,慢慢将自己的真实气质表达出来。

● 美洲豹型素人改变前

● 美洲豹型素人改变后

拿我的学员小七来举例,她就是这样的一个典型案例。她本人是很纯粹的美洲豹型气质,我们大家看她的照片,她骨骼突出的程度,整体的骨架,都指向纯粹的美洲豹型。但你看她以前的照片,根本无法识别她的气质,还有点土气。说她是美洲豹型,大家肯定不相信,哪有美洲豹的那股强势凌厉的气质啊。

等她剥除了阻碍,找到自己的气质之后呢,大家看,即使穿着伴娘服这种挺温柔的衣服,她依然散发出一种很犀利的气场。随便一坐一个侧影,就有一种很有力量、很有攻击性的气质。

那是什么阻碍了她呢?因为她内心一直想要成为一个很温和,很有女人味的人,这个渴望其实违背了她本身的长相,她的长相真的是偏纯粹的豹子型,身上几乎没有什么雌性元素。很明显,是她的想法阻碍了她的表达,把外面那层阻碍去掉以后,美洲豹型凌厉的气质就出来了。

所以,大家要知道,气质九宫格是一个"未来词",需要破除掉你人为设置在内心的障碍。比如说你想要女人味儿,不分析自己的客观条件就一味往女人味方向去打扮,整个气质就会很冲突。

气质 变美从来不靠长相

人是有层次的,不要奢求把所有东西都放在外表上去表达,不要跟外表条件作对。想表达女人味儿,可以放在与人的深层次接触上。

有层次、渐进地表达自己,人也会显得更有内涵。

● 对标明星的气质,而非长相

还有一些读者会有的误区是,直接对标某个气质属性的明星,然后错误地判断自己不属于这类气质。比如说我长得和高圆圆不像,我怎么可能是天鹅型呢?我长得跟王菲不像,我怎么会是凤凰型呢?

我们来看一下,这是我的一个学员,直观看上去看她和高圆圆当然是不像的,但不要单独看去人的长相,像刘诗诗、刘亦菲、高圆圆她们都是天鹅型气质,虽然她们的容貌并不相似,但她们给我们的感受是类似的,都给人温润、优雅、端庄的感觉。

所以,我们不要去对标某个明星的长相,而是要归纳你们的气质是否一样。也就是我们一直在强调的——我们给传达别人的是一种感受。

下面再来看一位学员改变前的照片。我们会发现她很喜欢一些减龄的东西,好像很不想长大,不想摆脱自己的学生气息。当她回归自己的天鹅型气质,到自己的主战场,接受年龄给她的馈赠以后,我们会发现她和高圆圆表达出来的气质感受并没有不同之处,都给我们一种知性优雅,能镇得住场的感觉。

● 天鹅型素人改变前

● 天鹅型素人改变后

气质 变美从来不靠长相

● 凤凰型素人改变前

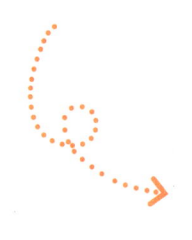

● 凤凰型素人改变后

再来看一位学员康康,改变之前我说她是凤凰型气质,给人的感觉和杜鹃是一样的,你可能会觉得开玩笑。因为这个时候她也是有表达阻碍的,不知道如何更好地把自己的气质体现出来。当她回归自己的凤凰型气质,把自己的外表很和谐地展露出来,你会发现她传递给你的感受和杜鹃传递给你的感受是很相似的。

这就是九宫格的作用,它其实最终对标的是明星散发出来给人的总体感受,你要看你的气质是否跟她同类,而不是说你的长相跟她特别像。

● **为什么你的气质不在线**

我们归纳了一些找不到气质的原因,大家可以对照一下,看看自己到底是哪一种气质类型。

第一条是分析气质时加入了性格。有人觉得天鹅型有一种优雅的气质,我的性格特别活泼,我肯定不是天鹅型。要知道,每个人的性格都不是单一的,都很多变,我们气质中最终携带的应该是与你的外在最统一的那种性格。也就是说,想把一堆积木拼成一个立体的建筑,要知道什么放在表层什么放在里层,这就是最基本的拆商和搭积木的逻辑。

大家不要再纠结我的性格是怎样的,你的性格有很多面,甚

变美从来不靠长相

至在不同的人面前会有不同的性格表现。经常有人说自己是戴着面具生活，你只要能带上这种面具，就证明你有这个性格部分。

第二条是我们不够客观地观察自己。我们经常根据自己内在的偏好进行人为扭曲。比如说我喜欢高冷的样子，我就以为我是高冷气质类型，但可能你的客观硬件并不具备高冷型的条件。

第三条就是我们要知道气质是变化的。时间线对气质是有影响的，年龄增长会导致气质发生一些变化。像林青霞年轻的时候更偏向梅花鹿型，有假小子的那种灵动感，但随着年龄增长，面部线条变长，成熟感增加，就变成了凤凰气质。所以气质不是单一固定的，是存在线性变化的。

● 少年时梅花鹿气质

● 中年时变凤凰气质

女人的美就应该是各个年龄段都有不同的样子,这样我们的生活才有更多的层次。不要一味觉得老了,长皱纹了,脸变直线了就不好看,这都是错误的执念。

每个年龄都有自己的气质,不必焦虑,安然接纳岁月的馈赠就好。

第四条就是硬性完全参照。其实,我们每个人的气质都不是特别纯粹的,都是有所混合的。有主气质有副气质,甚至混合了好几种气质,这都是需要去分析的,不要不加思考地生硬对照。

● 气质判断的基本线

这里给大家提供一个大致的判断规律。就是我们去判断自己也好,去判断周围人也好,如果年龄在18岁到25岁中间,身高1.70米以下,长相不是特别成熟,可以重点对照减龄系

变美从来不靠长相

气质类型。如果年龄在35岁以上，社会阅历增加以后再想出现那种清纯天真，那种骄纵感，就很难了。45岁以上呢，基本上只能对照美洲豹型、凤凰型和天鹅型。

以绵羊型、兔子型为主的气质类型，随着婴儿肥的消失，社会阅历的增加，眼神举止的改变，就存在向别的气质类型进阶靠拢的情况。

年龄其实是大概的划线，我们要评估自己的保养程度，骨相的挂肉程度。一般情况下30岁以上，就不能去对照绵羊型和兔子型等减龄气质类型了。

如果你经常被人说女人味很强、很性感，就不大可能是美洲豹型和梅花鹿型。因为这两个气质类型是由雄性主导的，更多表现出来的是一种干练感，有一种偏男性的感觉。

如果你经常被说高冷、严肃、雷厉风行，就不大可能是绵羊型和兔子型。

如果你经常被说亲和热情，平易近人，就不大可能是凤凰型。

如果你的身材很单薄，像纸片人，那就不大可能是狐狸型。

这就是为大家画的基本线，可以根据这个大致规律进行排除和分析，判断自己和别人到底是哪种气质类型。

 变美从来不靠长相

确定最美主气质：
最小改变，最大赢家

● **确定你的主场气质**

我们已经知道了，每个人都有一些混合气质。那么，应该确定一种什么样的气质，对我们来说是最有优势的呢？这里就要遵循一个最小改变原则。

其实，每一种气质纯粹的时候都很好看，有攻击性的豹子型是美的，超有力量感；非常高冷的凤凰也是美的，有一种距离感，看起来很仙不俗气；活泼的兔子型也是好看的，有一种可爱感。

我们在生活中看到很多人的颜值有高低，其实是因为她们的气质产生了冲突。当你找到一种气质，且确定它的改变成本是最低的，这个气质就可以被确定为主气质。

● 选择改变成本最低的气质

选择改变成本最低的气质，是最节省能量且最容易出彩的。如果身上的气质很纯粹，就很难往别的类型上面靠拢了，只能微微调整。如果本来的气质中有一些模糊，就要选一个改变成本最低的。

我们来看一下这位学员，你会觉得她有点像绵羊型，但是又有一些成熟感，有一种怪怪的感觉，很难形容。其实仔细看，她的整个头骨是偏方形的，只不过脸部被婴儿肥填充出了一定的圆润感，随着年龄的增长，她的脸会变得越来越直线。她的眼睛是细长的，中庭和下巴也比较长。再看下身材，她身高1.68米，骨架比较大，骨骼也比较突出，骨肉附着较薄。从这上面就可以看出她不符合绵羊型的特点，仅仅是脸上的肉比较多。

气质 变美从来不靠长相

● 凤凰型素人改变前

● 凤凰型素人改变后

那她为什么看起来会有绵羊型柔弱的感觉呢,因为她具备的凤凰气质比较多,可能她无意识地发现自己是有严肃感的,是高冷的,由于怕跟别人拉开距离,所以就刻意调整让自己合群,无意间保持了一种柔软感。

• PART 5
多维气质，不同场合不同的美

你可能会觉得很奇怪，我并没有刻意去调整自己，为什么会这样呢？很多时候，由于内心的渴望，我们会下意识地对自己的面容、表情进行调节。她为什么看起来很弱，因为渴望被保护，愿意把自己塑造成绵羊型那种极清纯的感觉。

● 梅花鹿气质女性

经过分析我们可以看出，她走凤凰气质类型是成本最低的，只需要通过修容把面部塑造的更直线一点，把婴儿肥收缩一下，突出一下眼睛上挑和细长的感觉。如此就出现了一种小凤凰的感觉。

如果她想要变成绵羊，就要弱化自己的骨架，还要把脸变得更圆，更要调整表情、调整意识等很多方面。她往绵羊型上靠拢也可以，只不过没有往凤凰型上靠拢成本这么低这么好改变，也不容易突出自身气质的识别度。所以，我们一定要利用自己身上改变成本最低的主气质。

气质 变美从来不靠长相

● 选好气质主战场，轻松躺赢

气质主战场是什么？就是我们本身具备最多的可利用可展示的元素。也就是说，我们要为自己选择最具优势的气质，这就是我们的气质主战场概念。

我们拿白百合举例，她身上就有种比较混合的气质。她整个人看起来非常瘦，有纸片人的感觉，但是胸却挺丰满的，因此她具有的减龄系气质和代表成熟的丰满胸部，其实是有一些违和感的。

如果她走清纯的绵羊型路线，或者走优雅的天鹅型路线，你都会觉得没有辨识度。所以白百合在演艺生涯前半段没有大火起来。她是靠演《失恋三十三天》中俏皮爽朗的北京大妞火起来的，也就是说，角色的机灵气质符合了她本身的梅花鹿型气质。

她整个脸型比较窄，眼睛细长眼皮很薄，脸上线条偏直，鼻子也比较直，其实她的气质跟周冬雨是有些类似的。但是她不符合梅花鹿型的一个特点,就是胸部比较丰满。但只要遮掩起来,你是不会觉得她有对大胸的。只要不体现胸部的轮廓,把脸上的线条修饰直一点,眼神更灵动一些,穿很前卫的衣服,就可以突出梅花鹿型的气质,增加辨识度。

气质 变美从来不靠长相

抽屉理论,让别人感受到你想表达的美

说完了气质最小改变原则,大家都明白了,只要根据主气质来调整自己,就不需要大动干戈,节省我们的美丽成本。

现在,我们再来说一下形象表达和气质属性之间的关系——我们学习气质是要通过自己的主气质和参与气质进行更精准的形象表达。

● **形象只是最外层的自我表达**

我们再来回忆一下形象是什么。形象是我们向别人展示的自己，别人通过我们的形象来识别我们的性格和行为，进而推导出将与我们发生的关系。

我们一旦知道形象的概念，就知道形象的变化其实就是你给别人推导结果的变化。

比如，当你和男生约会时你希望他推导什么，你肯定是希望他对你产生美好的向往，与你发展出一段愉快的关系。如果是进行商务谈判，你肯定希望别人推导你是可靠的，是值得被信任的，是可以合作的。

也就是说，我们并不是用一种固定不变的形象向别人传递感受，而是根据场景的不同，希望别人对我们形象的推导不同。在其中，我们利用的就是自己气质当中那些可以被调整的部分。

● 链接形象表达的3种能力

怎样才算是一个好的表达？就是你想要传递给别人的信息

气质 变美从来不靠长相

跟对方接收到的是一致的,而不是说我想表达的是减龄,对方看到的是装嫩,那就是一种不精准的表达。

所以,形象表达有三种能力,一种是无创造力的表达,一种是有目的的表达,一种是有很强创造力的表达。我们分别来看一下它们各自的特点:

第一种是无创造力的表达。

无创造力的表达就是堆砌的表达。想要前卫一点,就把奇装异服穿到身上;想要显年轻,就把很粉嫩的背带裤穿上;想要显得干练就直接把职业套装穿身上,这就是一种极无创造力的表达。我们在生活当中看到很多人穿得不伦不类,就是因为其表达没有创造力。不了解自己的形象,不考虑给别人的感受,甚至于胡乱表达形象。

第二种是有目的性的表达。

我们想给别人留下一个什么印象,想让对方有什么感受,就先要设置一个目标,然后通过创造力把自身形象整合出来。在给别人做形象传达时不出现障碍,这是要重点注意的部分。

第三种是有很强创造力的表达。

等你有了足够的气场扭曲力了,就可以通过气场来表达一体化的外貌和穿搭。能量传递会很强势很直白,直接通过感染力影响到别人。这就是我们要修炼的部分,是一个任重道远的过程。

● 抽屉理论:形象表达由表及里3层级

我们形象表达有三个层级,大家可以依照这个层级来。这是一个模型,代表三种表达感受的界限。一个是"室外表达",一个是"室内表达",一个是"抽屉表达",代表了三种不同的表达层级。

第一个就是"室外表达"。

气质 变美从来不靠长相

我们在室外要接触很多对我们不了解的人,此时就更要注意自己的形象表达,注重你想给别人一种什么样的感受,目标感要更强。形象在这个表达层上会起到比较大的作用。

第二种就是"室内表达"。

你的老同事,你的好朋友,他们已经知道你是什么样的人,你有自己的特色,自己的行为,这个时候你就要更注重行为表达。也就是说此时你的穿着已经没有太大作用了,你的行为才能让人觉得你是一个什么样的人。

第三种就是"抽屉表达"。

这是你隐藏的一个部分,只要你不展示,别人就识别不了。比如说你可能有很柔软,渴望被人保护的一面,或只有在最亲近的人面前才会展示的一面。这种特别内在的东西,只要你不展示,别人就识别不了。

所以,我们要遵循这样的原则,最外在的表达依照的不是

• PART 5
多维气质,不同场合不同的美

你的喜好,不是你内心当中最喜欢的那个东西,而是最能帮你达标的。而在更放松的场合,更私密的时候,你完全可以依照自己的内心,表达出你最想要表达的。

学会把表达分门别类,哪些该放到外层,哪些该放在更长远的表达立场中,哪些放在深度交往之后才有的惊喜里面。如此层层分明,循序渐进,这样我们才会变成一个很有趣且有影响力的人。

说到底形象表达是在表达什么?是我们第一眼看到一个人产生的感受,是建立第一印象的重要基础,是最易识别的一种表达方式,但不是所有的特点都要通过形象去表达。

为什么有些人穿着很累赘、很繁复,是因为她想通过形象表达的东西太多了。形象能很好地帮我们建立第一印象,但它绝对不是全部。在外表上选择最适合自己的形象表达就没有冲突,一旦外表上增加了冲突,别人就识别不了我们到底想表达什么,就会不伦不类。就算我们不能很好地辅助表达,也不要制造障碍。

气质 变美从来不靠长相

J小姐在这里给大家列了一个九宫格气质积木块,想要调整自己的气质时,可以通过这个积木块里的元素进行微调。我们想要给别人传递的所有感受,都在这个九宫格积木块里。

这里面总结的是不同气质类型给人的不同感受,都是可以利用的小特点。如果你身上具备这种气质特点,就可以灵活运用它。比如,工作的时候职业感该怎么表达;筛选朋友的时候界限感该怎么表达;见男朋友或者约会的时候想妩媚感该怎么表达等等。

玩转气质九宫格积木块

美洲豹积木块（干练感）：硬、直线、个子高、肩宽、骨骼突出、眉眼上挑；豹子眼神＋动态举止

凤凰积木块（界限感）：硬、直线、身材高瘦、五官疏离、肩背薄；凤凰眼神＋动态举止

狐狸积木块（妩媚感）：曲线、身体丰腴、眼睛勾角上扬、嘴唇勾角；狐狸眼神＋动态举止

天鹅积木块（知性感）：中间线条；三庭五眼、五官平走向、平均脸、肩颈线条；天鹅眼神＋动态举止

猫积木块（慵懒感）：软、柔韧感身材、不平均脸；猫眼神＋动态举止

梅花鹿积木块（前卫感）：直线、纸片身材、细长薄眼；梅花鹿眼神＋动态举止

绵羊积木块（清纯感）：软、中间线条、流畅线条、清透皮肤、清淡五官；绵羊眼神＋动态举止

兔子积木块（俏皮感）：软、婴儿头骨、圆脸、圆五官、肉感、个子矮；兔子眼神＋动态举止

羊陀积木块（矛盾感）：明显的冲突

气质 变美从来不靠长相

九宫格积木块里描述的最终感受大家可以记一下，看看自己身上都有哪些积木块的组成元素。这样你想要表达某种感受的时候，可以刻意去强调这些积木块的特点。

我们来看一个实际的例子，这是我的一位学员，这位姑娘具备一种凤凰型的气质。左图她穿这身衣服时我们会觉得很土气，整个人感觉没有一个可被利用的地方，看起来感觉很柔弱，这是因为她没有充分利用自己身上的气质组成。

● 凤凰型素人改变前

● 凤凰型素人找到主气质后

● 凤凰型素人运用副气质

当她强调出自己的凤凰型气质,也就是突出了自己的主气质之后,就有了凤凰的那种高冷感和界限感,平视世界的傲然感。突出了五官的对比度以及面部的不流畅感,穿上了适合凤凰型的禁欲系的衣服,强调出了凤凰的精英气质。

如果这个凤凰型姑娘想要稍微软萌一点,可以穿一件软软的毛衣和比较青春感的牛仔裤,再戴一个帽子把头骨变圆一些,通过化妆把方形脸的线条变圆,这样她会变得更加平易近人。

 变美从来不靠长相

变美,从运用不同的气质元素开始

● **变美思路:运用不同气质元素**

在这一节,我们来了解一下怎么加强和弱化气质。之前,我们说的都是感受层面的东西,讲述怎样拆解自己气质里的各个部分并加以利用,现在就从技术层面来说一下怎么操作。

● 可爱型女性

● 可爱型女性调整变硬朗

• PART 5
多维气质，不同场合不同的美

举个例子来说，兔子型的可爱女孩想要加强自己兔子型特质的时候，就要想办法让自己的头脸部显得更圆、更肉感，想要弱化的时候可以用刘海在视觉上切割一下脑门，弱化一下婴儿头骨，然后通过化妆把眼睛变细长，让脸上更有直线感。

这些都可以通过调整发型、妆容和衣服来实现，但要注意挑选自己能压住的衣服，太过硬朗的有可能撑不住。

● 强势感女性

● 强势感女性调整变柔软

再举个例子，如美洲豹型的女孩，如果想要显得温柔一点，可以利用化妆把脸变短一点，让脸部和眼睛变圆一点，圆一点

的嘴巴和圆一些的眼睛是很减龄的,你会发现改变后整个人都变得更好亲近了。

比如上面两张图,左图看起来更男性化、更硬朗,右图看起来更女性化、更温柔。这就是怎么通过不同的视觉引导传递给别人不同的感受,是我们要学习的地方。

● **领会3个关键思维模型**

应用课关键思维模型

形 ➡ 感受

基础 ➡ 强调

优劣势 ➡ 线性优劣势

重要工具: 基膜联想　　**重要能力:** 拆商

关于变美,有三个关键的思维模型,我们一起来了解一下:

第一个就是一定要知道我们调节的是形。

• PART 5
多维气质，不同场合不同的美

我们为什么要调节形，让形发生变化。因为脸有它的形，五官有它的形，身材有它的形。发型就是在改变脸型，妆容就是在改变轮廓的形状，衣服就是在改变身材的形。我们改变这些形其实是在调整给别人的感受，形本身的变化毫无意义，我们追求的是对感受的传达。

所以说形本身不重要，重要的是我们最终想要传达给人的感受。如果你是凤凰气质，要苹果肌干吗？如果你是兔子气质，要尖下巴干吗？如果外形不能帮你精准表达自己，在生活当中达成目的，要它干吗？所以要知道咱们调整形本身，最终是要通过调节形改变给别人的感受。

第二个就是要知道自己基础具备的东西。

要知道哪些部分是自己的基础，然后明白自己想要强调哪个部分。比如J小姐今天出席一个重要的商务活动，需要看起来精英一点，那我就需要在我的基础上，强调一下我更厉害的一面。如果说我今天想去见男朋友，我俩异地恋很久了，那我就要强调柔软的一面。

气质 变美从来不靠长相

我们有自己基础的一部分，一旦你想要强调某一点，发型、妆容、穿着都要考虑。也就是说你是想展示自己，还是想要强调什么，有不同的方法。

第三条就是要知道优劣势都是线性的。

我们说所谓的优劣势都是线性的，线性是什么意思？就是说没有绝对的优缺点。优劣势是要放在长线里面去看的，在特定的场景中，可能你的优势就变成劣势了。

有的人觉得腿短是缺点，其实不一定。对可爱型的人来说，表现大长腿是没有意义的，腿短反而显得很"软萌"。比如，你长得特别好看，这是一个极大的优势，但如果你去面试一个需要吃苦耐劳的工作，这反而成了你的劣势，大家可能会觉得你无法踏实工作。

所以，没有绝对的优劣势，一切都是在变化的，是可以互相转换的。

说完了三个思维模型，再说一个重要的工具。这个重要的工具是什么呢？是基模联想。

这是一个重要的工具，就是我们看到什么大脑就容易反射出什么。有些衣服看起来就是像保险经纪人，有些衣服看起来就像是从事不良职业的。如果你非要穿这类衣服，自身要有特别强的气场，才能打破人们的习惯性联想。

说完了思维模型和重要工具，最后，我要说的是一个重要能力——拆商。此前我帮大家训练的其实就是拆商的一部分，只要拆商提高了，就能把生活中方方面面都拆解得很好。这是一个至关重要的能力。

● 变美，从敢于直面自己开始

希望大家都能客观直面自己，不要不敢去直视自己，也不要躲在自己的理想化想象当中。有些人甚至不敢去看自己的照片，或不敢发自己的照片。连直视自己都做不到，怎么

 变美从来不靠长相

能好好改变呢。

接纳自己,改善你能改善的,对不能改善的部分也要悦纳,正是有了这特别的部分,才有了独一无二的你。如果我们都长成范冰冰的样子,这个世界就太过无趣了,美就不存在了,辨识度也不存在了。正因为你有缺点,有不那么完美的一面,才有了最独特的你。

爱自己,接纳自己,是一切改变的前提。

PART 6

气场扭曲力,最神奇的变美魔术

变美从来不靠长相

升维！你的美感能量场

● **能量场：人与人交互的第一感受**

什么是能量场？平时我们总说正能量、负能量，那么能量场具体拆解开来到底是什么呢，一起来看一下。

形象的组成包含了外貌、展示力和能量场。我们说外貌好的人是偶像派，展示力强的人是演技派，那么能量场够强的人就是教主派。她们能给我们营造别具一格的能量，让我们向往让我们产生渴望，自动忽略她外貌中的缺点。也就是说，能量场强能优化我们的外貌。

• PART 6
气场扭曲力,最神奇的变美魔术

人与人接触的时候,形象的传播速度是能量场大于展示力大于外貌的,我们总是最后才看到别人外貌的细节。有的时候你觉得这个人不好看,首先是因为她没给你营造出一个极好的能量场,然后展示力又不够。

我们肉眼能识别、大脑能处理的是具象存在的东西。你可能会找理由说,因为她眼睛小、鼻梁塌、个子矮、皮肤黑,所以不好看,其实是因为你的潜意识对她感受不好。

我们之前讲了动物脑,即情绪脑对自然的感知,它对外界存在的感知是非常敏感的。我们平时生活中也有这种经验,比如,当你走进一个会议室,可能根本没看清老板的脸色,就感知到氛围不妙,这就是动物脑最本能的对外界能量的一种感知。

为什么我们先感知到能量,因为动物脑是最快的,当启动智慧脑去识别去分析的时候,已经慢了将近0.4秒。这就是为什么能量永远走在前面,我们见人的第一印象一定是先感受到这个人的能量如何。

气质 变美从来不靠长相

那能量到底是什么？

能量是不在我们的五感，也就是视觉、嗅觉、听觉、触觉范围内的一种感知能力，是我们还是单细胞动物时就有的感知力。

比如我们背后走来一个人，我们不用回头看就能感觉到。还有愤怒、喜悦、焦虑等情绪，我们的动物脑感知这些气场的速度远比我们的视觉识别要快得多。所以，能量是人和人之间最基本的、最快的交互反应。

也就是说，我和其他人之间建立起来的这种关系，一定是能量先交互，然后才是我们的语言出场，我们开始说话的时候其实是慢了半拍的。

能量的体现就是振频。

如果我们用一个光用振频仪测试一下周围的环境，会发现高低波段各有不同。我们的脑电波，我们之间的感觉，都是这种波段。它是振频，振频的高低决定了能量的强弱。

• *PART 6*
气场扭曲力,最神奇的变美魔术

任何东西都有能量。不光是人,动物和动物之间没有语言,也没有智慧脑,它们是怎么传递感受的?就是靠能量之间的感觉。我们对物也是有能量感知的。杂乱的环境振频比较低,整齐的环境振频就高。食物也有不同的能量,辛辣的食物波段就比较快。

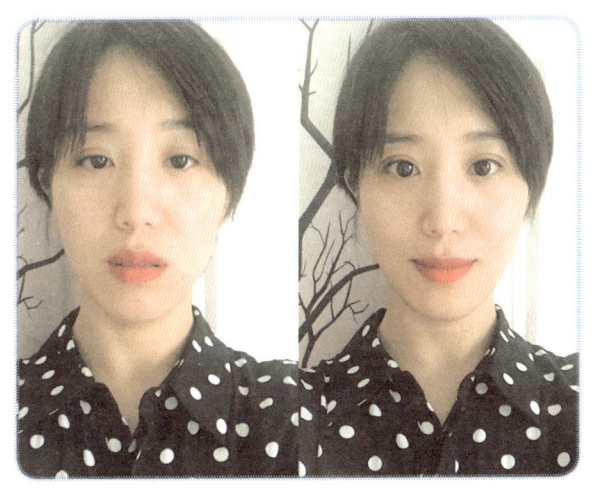

● 能量高,人就美

我们看上图是一个人,却有两种很不一样的能量状态。大家都可以试一下,回家去照镜子,把你的生命能量降低,满脸松垮,眼神变暗,再慢慢面部有力,让眼睛变有神,让身体变挺拔。你会发现这是一个从三分到六分的颜值提升过程。平时,

变美从来不靠长相

我们穷尽财力精力,都不一定能把颜值往上拔高到那么高的分数。如果你平时生命能量很低,情绪能量很不稳,这种情况下,颜值是嗖嗖往下降的。当你的能量振频变高,整个人看起来就非常美。

我们平时讨论别人的气场,觉得一个人能带给你很美的感觉,其实更多的是对方的这种积极昂扬的能量传递给了你。

● **能量场组成3元素**

上面咱们说了什么是能量场,那么能量场也是有组成部分的,下面来看一下能量场的组成部分。

能量场由三个部分组成,生命能量、情绪能量和意识能量。

第一部分是生命能量。我们是否想要活着,是否觉得人间值得,是否珍惜自己的这具"皮囊",这就是一种生命上的能量。

PART 6
气场扭曲力,最神奇的变美魔术

第二部分是情绪能量。我们的情绪能量稳不稳,人生而为人就贵在有克制,而不是像动物一样随意地把自己的情绪信号释放出来。

第三部分是意识能量。我们和动物最大的区别是我们存在意识,意识能构建一个宏大的世界。有时候我们看一个人是否看起来通透,其实就是指意识清明,也就是说我们能看到这个人是否存在极强的自我意识。意识的存在是高级生命最重要的一个表现。也就是说我们至少要让自己看起来是一个睿智通透的人,只要能把这样的感觉表现出来,就是一种最高级的能量。

我们看小孩子,他们对世界充满了好奇,充满了热爱,生命能量非常强,看起来非常有朝气。但这个时候他们意识能量比较弱,因为他们大脑里还没构建起这个世界,没有很强的意识状态。

● 孩子的生命能量高

有时候,我们的情绪能量不稳,好几种情绪出现了冲突,

变美从来不靠长相

却不知道该怎样处理。假如我们肆无忌惮地把负面情绪都发泄出来,给人传递的能量就是不稳的情绪能量。

再有,我们有时候看到不属于美女范畴的人,却给我们一种极强的意识感,她之所以能扭转我们对她的印象,觉得她挺美,就是意识能量在起作用。我们经常说这个人"带劲儿",指的就是意识能量。

● **升维!你的美感能量场**

一个人是正能量还是负能量,是指三种能量状态的综合,如果一个人能量很强,能给你建立一种极强的美感,一定是生命能量很强,情绪能量很稳,意识能量也非常强。

那么,该如何提高自己的能量场呢?首先要修炼我们的生命能量,提高自己的生命意志。

PART 6
气场扭曲力,最神奇的变美魔术

要知道,好好活着本身就是件很美好的事情。人间有那么多我们没有体验过的东西。热爱生活,保持身心健康,小到早晨认真洗个脸梳梳头发,昂首挺胸出门,这都是我们的意志表达。此外,我们能把一种关系处理好,把一项事情做好,都是有美感的。

所以,活着真的是很值得的一件事情,要珍惜你在这个世界中存在的样子,来人间一趟,要斗志满满地活着。

然后,情绪能量要保持平稳,生而为人,贵在克制。

情绪能量是不讲高低的,是要求稳。人类不像动物是不受克制的,我们的智慧脑是可以平衡情绪和本能之间的关系的。

情绪能量不稳被形容为喜怒无常。当我们陷入某种情绪无法自拔的时候,一定要启动智慧往后看,你会发现当下的一切都可以解决。情绪脑会把注意力集中在当下状态中,我们一定要用智慧把抽离出来。

气质 变美从来不靠长相

情绪稳的词汇有哪些？处变不惊。这反映了智慧脑在抚平情绪方面的作用，让我们有换位思考和长线思考的能力。想要让情绪稳定，至少要做到不要一点就炸；不偏激，不要非黑即白。遇到负面的事情一定要慢下来，让智慧脑自然启动。

最后，就是营造高维意识能量，打造强劲的自我意识。

意识是什么？是我们人类独有的东西，也就是我们经常说的"自我"和"超我"的部分。意识能量弱，就会畏缩自卑。意识能量比较强，就能自信、通透、自由。

当我们闭上眼睛，感知到周围有那么多能量场，能分辨出那些高维的能量场。我们愿意去触碰它们，就像天堂一样。我们也能感受到很弱的能量场，想要远离这些不好的能量。

那怎么营造自身的好能量呢，就是接纳自己。当你看不到自己，不接纳自己的时候，就几乎等同于不存在，就不容易被别人识别到，甚至容易和别人产生碰撞。所以，要修炼自己的意识能量，先要自我接纳。

• *PART 6*
气场扭曲力，最神奇的变美魔术

最简便的方法是培养一项兴趣爱好。当你有了兴趣爱好，能把自己往里面投射的时候，一定是存在自我的。一个人专注地去做一件事的时候是最美的，因为充满热爱的时候，人的意识能量是非常强的，专注力也会提升。

包括注意意识传输，有些人是存在自我意识的，但是自我封闭不愿意传输给他人，别人就感知不到你。也就是说，你是一个独立的网络，不跟别人进行交互，这个时候别人也感知不到你的意识能量。

我们要学会自我欣赏，要去找自己的优势，也要为他人鼓掌，发自内心祝福别人、鼓励别人，为自己赋能的同时也为别人赋能。很多时候，我们看到那种极强的意识能量的时候是会被感动的，是被这种能量带动的。所以，要让自己有爱，并跟别人产生共情，这是一种智慧的表现。

如此，就能越来越自信，越来越开敞，越来越美。

 变美从来不靠长相

你的气场扭曲力,是影响别人的利器

● **你的美,由你决定**

说完了能量,那什么是气场呢?能量和气场之间有什么关系呢?

气场就是由主体输出的能量场。能量场是通过主体——人这个管道传输出的,我们称之为气场。其实,它本质上就是能量场,只不过是由个人展示出来。

● 好能量是平和淡定的

PART 6
气场扭曲力,最神奇的变美魔术

如果说能量场和气场有什么差别,那就是能量场每个人都有,只是看个人有没有通过主体传输出来。只有传输出来了,才叫气场。

关于气场,很多人有一些错误的理解,觉得攻击性强的人气场就强,攻击性弱的人气场就弱。其实不是这样的。不是人人都有攻击气场,但是人人都有气场,也都可以有强气场。我们有时候看一个人不好惹,就说这个人气场很强,这不是气场强,而是气场弱,是情绪能量不稳的表现。当一个人长年累月摆出一副生人勿近的样子,这说明他内心不是一个有高级意识的人,这种气场是让人远离的,是负的气场,是向下的能量,并不是强气场。而我们看到有的人即使微笑着也有一种很强的气场传递出来,一看就觉得他阅历丰富,很通透,很自我很自由,这才叫气场强。真正强大的气场是平和的,不是硬拗出来的。

我们看像欧阳娜娜和奶茶妹妹,她们都不是攻击性气场的人,但是气场也非常强。看到她们你会觉得青春真美好,她们能给你建立向往,这就是强气场。只要你能为别人输送理想,建立向往,能调动别人的愉快体验,就说明你有强气场。只要

气质 变美从来不靠长相

你能主动地跟人建交，被别人识别到，并且记住你，愿意和你产生关联，就是拥有强气场。而如果你的存在，总让人想远离你、提防你、不信任你，那这就是弱气场。

人的气场各有不同，强气场也分为不同的类型。有的人气场智慧通透，自我意识非常强，但并不傲慢，没有拒人于千里之外的高傲感，就是平视世界，不在意评价的这种感觉，这是一种强气场。还有一种人对这个世界是不设防的，是全然敞开的，那么这也是一种非常强的气场。

在整个人群中，能量是分级别的。也就是说七级的能量可以收割五级的，五级的能量可以收割三级的。所以，我们都应该争取拥有至少是在水平线之上的能量。你会发现世界非常通透，你对别人的感知能力也很强，识人能力也很强，就不容易被煽动。

● 气场扭曲力,影响别人的利器

那什么又是我经常提到的气场扭曲力呢?

气场扭曲力是我们人类独有的,它非常神奇。人和人在交流的时候,有的人可以利用自身的气场干扰、替换、扭转他人的主观意识,精准传输自己想要表达的"自我"。

举个例子,比如你过去一直觉得丰满型的身材好看,直到有一天你看到了一个女孩,突然觉得肩线直,身材平也很美,很有力量感。为什么?就是她用她的强大气场把她自己的美传达给你,替换了你原有的想法,扭曲了你的意识,这就叫气场扭曲力。

再比如,乔布斯在台上演讲,拿了一款惊世骇俗的产品,他就是在把他的自我输送给所有人,去替换掉别人大脑中原有的意识。我们说"情人眼里出西施",也是气场扭曲力的一种表现,因为喜欢对方,自然觉得对方是最美的。

再举一个例子,有一位一提起名字大家就觉得风华绝代的人,宋美龄女士。一想到宋美龄,很多人都会觉得她应该是非常女性化的有韵味的那种长相,但实际上她面部的骨骼比较突出,眼睛很细长,气场锐利。那她为什么给我们的感觉那么美?因为我们一想到这种一代名媛,会人为地给她赋能,把她想象成一个风华绝代的美女。

这就是气场扭曲力,我们人人都可以去修炼自己的气场扭曲力,扭曲力越强的人就越有影响力。

正向气场扭曲力作用过程

能量→传输到他人意识→调取愉悦体验/建立新的向往→优化内容审美

不同的愉快体验: 旅游、惊喜、美食……
通识愉快体验: 善意、被帮助、包容理解、坦诚相待、青春记忆……

不同的渴望: 财富、爱情、名望、占有、富足……
通识渴望: 健康、生命力、自由、勇敢、斗志、坦然、聪慧、接纳自我……

• *PART 6*
气场扭曲力，最神奇的变美魔术

● 扭转别人的意识，是人类的独有魔术

我们再看一下气场扭曲力是怎么起作用的。它首先以能量的方式传输到别人的意识中，调取了对方的愉快体验或者建立了一定的向往，然后优化了内容审美。

有人可能会问，每个人都不一样，我们怎么调取别人的愉快体验呢？怎么给别人建立向往呢？确实，每个人都不一样，体验不一样，渴望的东西也不一样，但是还是有共通的愉快体验和向往存在的。被理解、被包容、被善待，还有那些跟青春有关的记忆，相信人人都会觉得这些是美好的体验。

我们希望世界对我们温柔以待，首先我们要对这个世界温柔，一切都是相互的。如果你是善意的，愿意帮助他人的，对别人的处境有理解力的，能给别人关怀，能在别人沮丧的时候告诉他一切都不晚，就能激发对方大脑里的愉快体验，扭曲别人本来的意识。

如何激发别人的向往？可以看看我们对生命、对生活的渴

变美从来不靠长相

望,我们渴望健康、渴望生命力、渴望自由、渴望智慧……这些东西都是我们渴望的。当我们看到一个人活力满满,活得非常通透自由,对生命充满热爱,我们很自然地就会心生向往。

让别人对自己建立向往,可以优化内容审美。我们认为一个人气场很强,我们就会觉得她很美。反之,如果一个人气场很弱,我们对这个人就没什么鲜明的印象,记不住对方。

所以当我们想要修炼自己的气场扭曲力,建立这些通识的东西就好了,有很多共通的东西可以建立愉快的经验和向往。

打开自己的能量,敞开自我,建立起气场扭曲力,你就是美的,别人也会觉得你很美。

• *PART 6*
气场扭曲力,最神奇的变美魔术

用气场UP容貌,变美的招式和心法

那么,该怎么练习气场扭曲力,并将之传输出来跟周围的整个气场融合呢?我们的内在是有能量的,我们不停修炼这种能量,然后让它通过气场的形式输出,变成一种扭曲力。具体应该怎么做呢,分别来看一下招式和心法。

● **气场扭曲力招式:用气场UP容貌**

先来看气场扭曲力的训练招式。

气质 变美从来不靠长相

第一个招式：拆商使用

就是指搭建并呈现他人理想场景的能力，这能把一个人的理想描述或者展示出来。比如说你帮他构建了一个他向往的场景，描述得很细致，构建得很丰富，调取起对方愉快的情绪体验。

我们来看一下，通过语言描述唤起美的画面，能植入到别人意识中的有哪些人？作家、画家、演讲家，这些人的拆商都非常好。还有些人比如演员和歌手，他们会通过眼神和肢体动作强化理想场景，把想表达的东西构建出来。

我们想给别人传达我们大脑中美好的东西，比如，你去了一个地方，你觉得山很美水很美，你怎么去给别人构建这种体验？你觉得一首音乐很好听，你怎么去把这个意识传达给别人？想一想，然后多去练习，当你具备了这种掌控细节能量的能力，你的气场会越来越强。

在日常生活中，一定要明白，你的语言，你的肢体，你内在的投射都能帮你传输气场。你完全可以通过外在的打扮和行为方式创造符合场景的理想人设，为自己赋能。

第二个招式：利用场景能量

我们自身具备能量，物品也具备能量。有时穿衣服会产生矛盾感，是因为衣服本身携带的能量和自身的能量是冲突的。比如自身携带了一股亲切的能量，衣服携带了一种犀利的能量，就会产生冲突感。

大家要学会顺应和利用场景里的能量为自己赋能。比如，有时候我们看照片说这里面的姑娘都好美，甚至没看清她长什么样子就觉得她美，就是因为这个环境很美，能为这个人进行赋能。

还有，我们要学会根据自己的气质挑选合适的场合。如果你长相清纯乖巧，就适合出现在文艺气息的场景中，能加强自身美感；如果你是美洲豹这种气质类型，出现在工业化装修的环境里，会显得非常洋气。

然后，就是根据场景风格设置自己的展示力，比如，长相清纯乖巧的姑娘适合在有文艺气息的场景下展示天真烂漫的一面，如果展示冷酷的一面，明显就不搭。

最后,我们要根据想要达到的目的选择场景。如果要跟亲密的人聊一些正式的事情,达成某种协议,最好不要在家里聊,因为那种气场你们非常熟悉,不利于强化这件事情的重要性。可以选咖啡厅,在有契约元素的场景里聊。我们聊生意的时候也是一样,在轻松的环境下聊个开头,等到正式签约的时候,要选择有契约感的场景去签。就是说,场景是有能量的,可以为我们赋能。

第三个招式:共情的交互法

要注意与人共情,这很重要。跟别人说话时记得平视对方,不要仰着头,也不要斜着眼睛,目光落在别人的眉间,用眼神给对方关注。可以模仿对方的动作,如果他说话时经常摸摸鼻子,你也可以摸两下,这样对方很容易就像接受自己一样接受你。你们的共情感会很容易建立,你的气场也会很容易传输给对方。

那么,禁忌是什么?气场传输的管道主要是眼睛,不要去扭曲管道,比如目光闪躲,不正视别人。还有,注意意识不要抽离。什么是意识抽离,就是跟别人说话的时候心不在焉,意识不知道跑到哪里去了。如果意识离开了主体,意识能量将会是非常弱的。

招式的关键词是什么?关键词就是要自我认同。你每做一件事情的时候,一定要明白并强化我今天是谁,我以什么样的身份在和对方聊天。我是一个能够帮助他的人,一个想要跟他达成某种合作的人,一个有钱的人还是一个美人?不停强化你的自我认同,才能在场景中准确表达自己。

如果说你只是姿态做到了,眼睛平视了,身姿也挺拔了,但是你内在的自我认同达不到,总认为自己是人微言轻,那你的气场传输力依然不会发生变化。

● **气场扭曲力心法:接纳自己,无招胜有招**

看完了招数,再来看心法,心法是需要内在去修炼的东西,

气质 变美从来不靠长相

下面来了解一下气场扭曲力的三个心法。

第一个：生命意志

生命意志是为我们主体赋能的。要充分认可自己的生命，要有好奇心，有斗志，充满活力和热情。对自己所做的事情要有精进意识，不要做什么事都只是点到为止，要不断去提升自己，培养审美能力，培养对生活的热爱。

第二个：自我接纳

要有积极的自我认知，去除"画报效应"。画报效应就是建立一个画报去对比，比如说和明星去比，照镜子时觉得自己哪里都难看。不要和画报比，只要和昨天的自己比就好了。

也不要总是对一些小事产生过于激烈的反应，比如总觉得自己个子矮、眼睛小。个子矮和眼睛小本身没什么，你对这个事情产生的焦虑情绪却很糟糕，这些负面情绪组成了你的负能量。

要充分自我包容,接纳自己,给自己成长机会,这是最根本的。

第三个:敞开

敞开是指你要有一种积极与外界发生交互、产生链接的能量。如果一个人是封闭的,就无法向这个世界汲取能量。为什么我们要不停学习?因为我们需要敞开自己去链接更多正向的能量。

培养共情能力,理解他人和自己的不同,多维度看事情,减少能量的损耗。任何表达都应该有意,说谢谢的时候要表露出你的谢意,说对不起的时候要表露出你的歉意。

这些说起来简单,要有意识地去修炼。想要拥有更多的资源、更多的影响力、更强大的自信,就要把自己敞开。

希望大家能真正欣赏自己,喜欢自己。为什么很多时候我们会把事情想得非常糟糕,因为本质上你就不认同自己,不认

变美从来不靠长相

为别人会对你好，不认为别人对你有善意。一切都在于我们内心对自己的不满，对自己的谴责。

所以，一定要认可自己，认同每个人来到这个世界都有自己的路要走，每个人要走的路都是不一样的，都有自己的使命。虽然有需要提升的地方，但一定是值得被爱的，值得被世界友善相待的。

● **打磨正能量的5个关键词**

最后，分享一下关于"正能量该怎么修炼"的问题，主要包括五个方面。

第一条：甄别无效评价→回收自我

不要在意对你毫无意义的评价。真实的评价会让你进步，无关的评价不用介意。领导对你的绩效有真实评价权，老公对你是否是个好妻子有真实评价权,孩子对你是不是个好妈妈有真实评价权。其他邻居、路人等的评价,对你无关紧要。

人都是生活在评价体系当中的,我们不可能不在意评价,但也要甄别无效的评价,因为很多时候你不是为了真实有效的评价在努力。所以要注意回收自我,如果总在意评价的话,无异于把自我交付给别人。

第二条:不揣测恶意→点燃积极意图

我们不要有先入为主的受害者心态,不要恶意发酵别人不明确的行为,而要点燃积极意图。凡事要往好了想,直白、积极地表达,认真坦诚地表达自己的想法。

第三条:给自己和对方选择→解放不顺心

首先从改变语言体系开始。在需要别人配合的时候,可以说我需要,比如说我需要你的帮助,这样双方都是有选择权的,两个人都很舒服。比如你跟老公说,我需要你帮我干什么,他

可以选也可以不选,他可以有更多选项帮助你;假如你说你必须怎样,他马上会产生应激反应。

也就是说,我们要用智慧脑去与人沟通,不要盲目用情绪去对抗,这样就可以放下很多不顺心的事。

第四条:训练拆商→升维认知

我们一定要拆解事件关系,训练理性系统来升维认知。具体怎么拆呢?当别人跟你说话的时候,你要分析其背后的逻辑。

比如,领导今天劈头盖脸骂了你一顿,你非常难受。那么你要分析领导今天是不是有情绪,他的情绪脑成了他的主人,这里面根本没有解决事情的意图,他只是在向你倾倒情绪。如果这是他的常态,你就可以忽略,如果说他把情绪和事情掺在一起了,你就要进行拆解,也就是说你关注的到底是哪部分,要拆一拆。

比如,你看到老公玩游戏很生气,一定要知道自己是在生什么气,是生他玩游戏的气,还是生他忽略你的气,还是生你们中间已经没有共同话题的气,一定要去拆一拆。

第五条:**万事有意思→能量开敞**

只有你觉得生活是有美感的,处处都很有意思,自己的能量才能释放出来。如果你觉得什么都很无聊,你的生命能量就是低落的。爱自己,爱世界,你会发现一切都很美好。